建筑装饰工程招投标与项目管理

主　编　王　浩　李　伟
副主编　杨　瑜　傅静静　方　韬

合肥工業大學出版社

图书在版编目(CIP)数据

建筑装饰工程招投标与项目管理/王浩,李伟主编．—合肥:合肥工业大学出版社,2021.2(2024.8重印)

ISBN 978-7-5650-5282-8

Ⅰ.①建… Ⅱ.①王…②李… Ⅲ.①建筑装饰—建筑工程—招标②建筑装饰—建筑工程—投标③建筑装饰—建筑工程—工程项目管理 Ⅳ.①TU723

中国版本图书馆CIP数据核字(2021)第010542号

建筑装饰工程招投标与项目管理

王　浩　李　伟　主编　　　　责任编辑　袁　媛

出　版	合肥工业大学出版社	版　次	2021年2月第1版
地　址	合肥市屯溪路193号	印　次	2024年8月第2次印刷
邮　编	230009	开　本	787毫米×1092毫米　1/16
电　话	基础与职业教育出版中心:0551-62903120	印　张	8
	营销与储运管理中心:0551-62903198	字　数	162千字
网　址	press.hfut.edu.cn	印　刷	安徽省瑞隆印务有限公司
E-mail	hfutpress@163.com	发　行	全国新华书店

ISBN 978-7-5650-5282-8　　　　定价:35.00元

前　言

伴随我国经济的飞速发展和人民生活水平的提升，我国建筑装饰行业不断成熟与壮大，对其相关人才的需求量越来越大，大量年轻人走入建筑装饰行业，但除了装饰设计类人才，建筑装饰行业对建筑装饰工程项目管理包括工程现场管理人才的需求量也越来越大。

本书通过对建筑装饰工程招投标、建筑装饰工程合同管理、建筑装饰工程施工组织设计、建筑装饰工程施工管理四大板块理论知识的介绍，结合一定的代表性实例，循序渐进地讲解了建筑装饰工程从招标投标阶段到竣工验收交付阶段项目管理的操作依据、程序、理论支撑与相关要点，为进入建筑装饰工程项目管理行业提供了学习相关基础知识的机会。本书坚持“以能力为本位”的指导思想，以案例教学为主，注重将理论知识融入实际案例，很好地解决了初学者理论与实践脱节的问题；讲授的内容层层递进、环环相扣、由简入繁，让学生在学中用、在用中学，使所学的知识能快速地被学生消化和吸收。

本书由具有建筑室内设计、建筑装饰工程施工管理经验的专业技术人员和长期从事专业教学一线的教师团队共同编写完成，由长沙环境保护职业技术学院王浩、李伟总体策划和主持编写，长沙环境保护职业技术学院杨瑜、安徽文达信息工程学院新媒体艺术学院傅静静、合肥学院设计学院方韬担任副主编。本书大部分资源素材是作者多年工作与教学经验的积累，有部分案例、图片选摘于国内外相关书籍和网络资源，未能与相关作者联系，再次向相关作者表达诚挚的歉意和衷心的感谢。

本书可作为建筑装饰工程施工管理及相关专业课程教材，也可作为行业一线工作人员的参考资料，亦可作为初学者的入门教材。

本书在写作过程中，虽然在理论性和综合性方面下了很大的功夫，但由于作者水平有限，以及文字表达能力的限制，在专业性与可操作性上还存在着较多不足。对此，希望各位专家学者和广大读者能够予以谅解，并提出宝贵意见，作者当尽力完善。

王　浩

2020 年 4 月于长沙

目　录

第一章 建筑装饰工程招标投标

第一节 建筑装饰工程招标投标概述

一、招标和投标的概念

招标投标是以工程项目作为商品进行交换的一种交易形式。招标是指建设单位或业主（招标方）在完成一切招标准备工作后，对拟建的工程项目通过法定的程序和方式吸引建设项目的施工单位（承包方）竞争，并从中选择条件优越者来完成工程建设任务的法律行为。招标的准备工作包括将拟建工程项目委托设计单位或顾问单位进行设计，并编制概预算或估算，即编制标底。标底是工程招标投标中的机密，不可提前公开，切不可泄露。

投标是指经过特定审查而获得投标资格的建筑项目承包单位，按照招标文件的要求，在规定的时间内向招标单位填报投标书，争取中标的法律行为。

为了规范招标投标行为，体现保护竞争的宗旨，我国早在1999年就颁布了《中华人民共和国招标投标法》，针对招标投标的程序及文件作出了具体法律规定，从而建立起了完善的工程招标制度。工程招标制度也被称为工程招标承包制，它是指在市场经济的条件下，采用招标投标方式以实现工程承包的一种工程管理制度。工程招标投标制的建立与实行是对计划经济条件下单纯运用行政办法分配建设任务的一项重大改革措施，是保护市场竞争、反对市场垄断和发展市场经济的一个重要标志。

二、建筑装饰工程招标投标的原则

1. 公开原则

为了保证招标投标活动的广泛性、竞争性、透明性，必须遵循公开原则。公开原则首先要求招标信息公开，其次还要求开标的程序、评标的标准与程序、中标的结果等招标投标过程都要公开。

2. 公平原则

公平原则要求赋予所有投标人平等的机会，享有同等的权利，履行同等的义务。招标方不得以任何理由排斥或歧视任何投标方。

3. 公正原则

公正原则要求招标人在招标投标过程的各个环节，应该按照统一的标准衡量每一个投标人的优劣。

4. 诚实信用原则

诚实信用原则是我国民事活动中应该遵循的一项基本原则，是市场经济的前提，也是合同订立的基本原则之一。违反诚实信用原则的行为是无效的，且应对由此造成的损失损害承担责任。招标投标以订立合同为最终目的，诚实信用则又是订立合同的前提和保证。

三、建筑装饰工程招标投标的主要参与者

建筑装饰工程招标投标的主要参与者包括招标人、投标人、招标代理机构，还包括政府监督部门。

1. 招标人

建筑装饰工程招标投标的招标人是依照法律规定提出招标项目进行工程建设的开发、勘察、设计、施工、监理以及与工程建设有关的重要设备、材料等招标的法人或其他组织。在不同的情况下，招标人也被称为“招标单位”或“委托招标单位”。

招标人必须是法人或其他组织，自然人不能被称为招标人；法人或其他组织必须依照法律规定提出招标项目、进行招标。

2. 投标人

投标人是响应招标、参加投标竞争的法人或其他组织。投标人应具备承担招标项目的能力；国家有关规定对投标人资格条件或招标人对投标人资格条件有规定的，投标人必须具备相应的资格条件。

招标公告或资格预审公告发布后，所有对招标公告或资格预审公告有兴趣并有可能参与投标的人，被称为“潜在投标人”。响应招标并购买招标文件，参加投标的潜在投标人，则转化为投标人。

如果招标人允许或有相关规定，两个以上的法人或其他组织可以组成联合体，作为一个投标人的身份共同参加投标。投标人接受联合体投标并进行资格预审的，联合体应该在提交资格预审文件前组成，资格预审后，联合体成员增减、更换的，其投标无效。

3. 招标代理机构

招标代理机构是依法设立的从事招标代理业务并提供相关服务的社会中介组织。

招标代理机构必须有从事招标代理业务所需要的营业场地及资金，有能够编制招标文件和组织评标的相应专业力量。

招标代理机构应在招标人委托的范围内承担招标事宜，一般来讲，其工作内容包括：

① 拟定招标方案，编制和出售招标文件、资格预审文件。

② 审查投标人资格。

③ 编制标底。

④ 组织投标人察看现场。

⑤ 组织开标、评标，协助招标人定标。

⑥ 草拟合同。

⑦ 招标人委托的其他事项。

4. 政府监督部门

招标投标必须依法在政府有关部门的行政监督下进行。由于我国招标投标领域较广，专业性较强，涉及部门较多，无法由一个部门负责全部招标投标的统一管理，只能根据不同项目的特点，由有关部门在各自的职权范围内分别负责监督，还要符合国务院办公厅印发的《国务院有关部门实施招标投标活动行政监督的职责分工意见》（国办发〔2000〕34号）文件的规定。建筑装饰工程招标投标活动监督执法，由建设主管部门负责，且各省、自治区、直辖市可以根据《中华人民共和国招标投标法》的规定，从本地实际出发，制定相应的招标投标管理办法。

四、建筑装饰工程招标的方式

建筑装饰工程招标一般分为公开招标、邀请招标两种方式。

1. 公开招标

公开招标属于无限制性竞争招标。招标人通过公开渠道发布招标公告，邀请所有符合规定条件的投标人自愿加入投标。由于公开招标面向全社会，因此参与投标的企业众多，竞争充分，难以串标、围标，有助于相关投标人之间公平竞争，打破垄断；同时，有利于促使相关企业加强管理、提高工程质量、缩短工期、降低成本。公开招标的形式充分体现了市场机制公开信息、规范程序、公平竞争、客观评价、公正选择以及优胜劣汰的本质要求。

2. 邀请招标

邀请招标属于有限制性竞争招标，也被称为“选择性招标”，是招标人根据自己了解及他人介绍等渠道，以投标邀请书的方式直接邀请特定的若干个潜在投标人参与投标，并按法律程序及招标文件规定的评标标准和方法确定中标人的一种竞争交易形式。一般用于招标单位对被邀请的施工承包单位在比较了解的情况下，进行小范围招标，可节约投标单位的人力、物力、财力，所以这是一种有限竞争的投标方式。

五、建筑装饰工程招标的条件

1. 招标单位应具备的条件

按《工程建设项目施工招标投标办法》规定，招标人组织招标应具备以下条件，才具有招标资格：

① 是法人或依法成立的其他组织。

② 有与招标工程相适应的经济、技术、管理人员。

③ 有组织、编制招标文件的能力。

④ 有审查招标单位资质的能力。

⑤ 有组织开标、评标、定标的能力。

不具备上述②至⑤项条件的，招标单位需委托可具有相应资质的咨询、监理等单位代理招标。

2. 招标工程应具备的条件

按《工程建设项目施工招标投标办法》规定，招标的工程建设项目应具备以下条件才能进行施工招标：

① 招标人已经依法成立。

② 项目已经报有关部门备案。

③ 初步设计及概算应当履行审批手续的，已经批准。

④ 招标范围、招标方式、招标组织形式应当履行核准手续的，已经核准。

⑤ 有相应资金或资金来源已经落实。

⑥ 有招标所需的设计图纸及技术资料。

第二节　建筑装饰工程招标投标的程序

一、建筑装饰工程招投标工作程序流程图

建筑装饰工程招标投标的工作程序，一般可粗略地分为招标准备阶段、招标实施阶段和决标成交阶段。可以绘制成工作程序流程图，如图 1－1 所示。

公开招标和邀请招标相关程序基本相同，二者在程序上的主要区别是邀请招标省略了资格预审的环节，直接向适于本工程项目的施工单位发出招标邀请书。

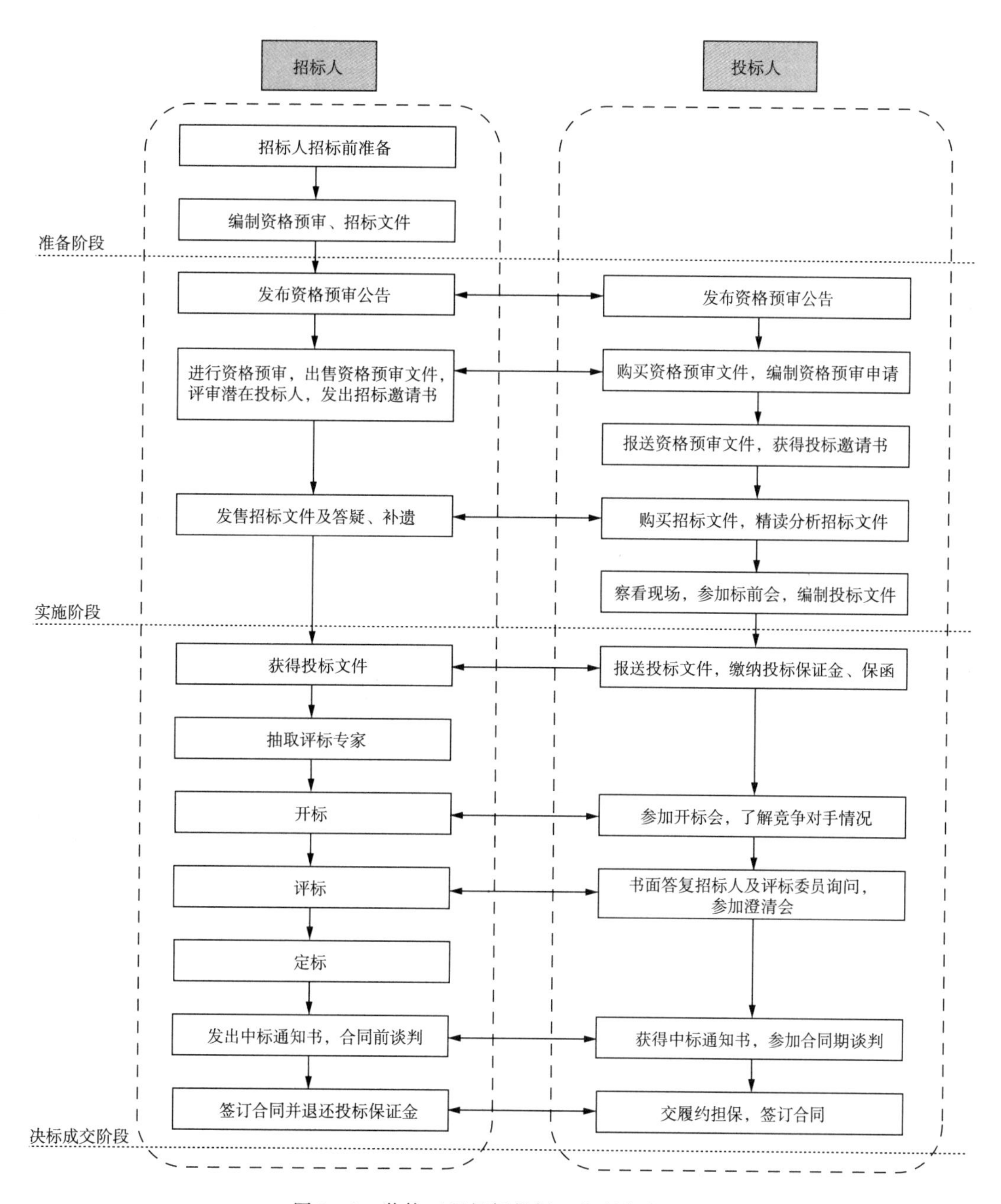

图 1-1 装饰工程招标投标工作程序流程图

二、建筑装饰工程招标的程序

1. 编制工程项目招标计划，准备招标文件

编制工程项目招标计划，第一要有详细的工程项目发展进度计划，即要知道在什么时间之前应确定各专业工程施工单位，更进一步才能知道在什么时间之前应该

开始招标和定标；第二是在必要的情况下，确定项目如何切块招标的问题，即把一个工程项目分为多个部分来分头招标，不同的划分方式决定了招标工作计划的不同内容。

具备以上两个要点就能编制出符合实际需要的工程项目招标计划。

2. 刊登招标公告及拟投标单位资质审查

公开招标的工程项目必须通过公开招标公告的方式予以通知，使所有的潜在合格施工单位都有同等的机会了解投标要求，形成尽可能广泛的竞争局面。

邀请招标的工程项目，首先则是要收集并审查潜在投标单位资料，以确定是否符合拟发标项目要求。

一般来讲，对拟投标单位的资格审查，主要包括企业的营业执照、证书等是否齐全、有效，企业施工资质等级是否符合拟发标项目的要求，企业的以往工程经历、是否做过同类型项目等内容。资格审查是对拟投标单位的初步审查，在拟投标单位比较多的情况下，通过初步审查，可能会淘汰一批存在各种不符合拟发标项目要求或相对条件较差的单位。

3. 拟投标单位考察

组织相关部门和专业人员成立考察小组，对通过资格审查的单位进行考察，是一般招标人采取的通常做法。可进一步深入了解拟投标单位的现状，如企业当前规模、人员结构、施工中项目情况、任务饱满与否、资金状况如何、机械设备配置水平等，便于从中挑选出相对更合适的投标单位。考察小组考察完毕，应及时出具书面考察报告提交招标部门，以作参考。

4. 确定投标单位、发出投标邀请函

招标单位根据考察报告和其他渠道获得的相关信息情况，开会确定哪几家拟投标单位正式参与投标。投标单位确定后应发出投标邀请函，其内容一般包括：

① 招投标项目的名称。

② 领取招标文件的时间、地点。

③ 领取招标文件时必须携带的文件资料等。

④ 有关投标押金的规定。

⑤ 回标的时间、地点。

5. 发售或投标单位领取招标文件

如果招标文件收费，则应该价格合理，一般只收成本费，以免投标单位因价格过高而失去购买招标文件的兴趣。比较通行的做法是投标单位在领取招标文件时支付押金，押金的数量可能比较高，这样做是为了维护招标投标活动的严肃性，确保每一个投标单位能认真对待项目的招标，以免出现回标数量少的局面。押金应在回标后退回。

6. 招标单位答疑

招标单位发出招标文件后，一般在投标单位回标前有两个方面的事务需要处理：第一是组织投标单位察看现场；第二是解释、澄清招标文件中的疑难问题，必要的情况下，需补充招标文件中缺失的有关内容。任何投标单位若有任何问题都需在此阶段提出来，且招标单位对某个投标单位提出问题的解答必须同时抄送给所有投标单位。

7. 回标、开标和定标

投标单位按投标邀请函或投标须知中的要求准时回标，招标单位接收到回标文件后，有两种开标方式，即公开开标和非公开开标。一般来讲，需要通过当地政府招标投标管理部门建筑工程交易中心组织招标的项目，必须是公开开标的；外商独资或私人企业的项目可以由招标人自行组织招标，一般采用非公开开标的方式，避免投标单位串通议价等。

一般从商务标和技术标两个方面对投标单位的回标文件进行评审，分别出具商务标评标意见和技术标评标意见，并按一定的评标原则，形成综合评标意见，提请招标委员会批准，完成定标过程。

三、建筑装饰工程投标的程序

1. 准备资格预审资料

资格预审是招标之前，招标人对投标人在财务状况、技术能力、相关工作经验、企业信誉等方面的一次全面审查。拟投标单位要在资格预审资料中充分展示自身企业的优势和特点以及与拟投标项目相关的技术与经验。一般来讲，编制资格预审资料需注意以下问题：

① 获得招标信息后，应针对工程项目的性质、规模、承包方式及范围等进行决策，决定是否有能力承担该工程项目。

② 针对工程项目的性质特点，预审资料要充分展示自身的真实实力，其中最主要的是财务实力、人员资格、以往类似工程经验、施工设备配置等内容。

③ 资格预审的所有文件应有证明文件，以往的经验与成就中所列出的所有项目，都要有确切的证明以确定其真实性，财务方面则由银行等专业机构提供证明。

④ 施工设备配置要有详细的性能说明，仅列出施工机械的名称、规格、型号、数量是不够的。

⑤ 招标人在审核完潜在投标人提供的预审资料后，往往还不足以决定该潜在投标人是否能转化为真正的投标人。一般还会对正在施工项目和以往完成项目进行考察。此时，应尽可能推荐与拟投标项目类似的工程供招标人考察，在可能的情况下，还可以请当时的业主或监理单位适当介绍当时施工过程中的一些亮点作为旁证，以增进招标人的评价。

2. 审阅招标文件

认真研究招标文件，弄清楚施工承包人的责任及工程项目的报价范围，明确招标文件中的各种要求，以使投标报价适当。由于招标文件一般内容较多，涉及各方面的专业知识，因此对招标文件的审阅研究要做适当分工。一般来讲，商务标人员研究投标须知、工程说明、图纸、工程量计算规则、工程量清单、合同条件等内容；技术标人员研究工程说明、工程规范、图纸、现场条件等内容。

（1）《投标须知》分析

一般来讲，投标须知中应有对投标报价的详细说明，是投标报价最重要的内容之一。不同的项目或不同的招标人有可能使用同样的工程规范、技术要求、合同条件等，但是其招标须知可能是不同的。因为，不同项目其具备的招标条件可能存在差异，在一定意义上来讲，投标须知是针对某个项目的招标而编制的。

投标须知一般会阐明以下内容：

① 发出的招标文件的组成内容、数量。

② 回标时应提供的文件资料的内容、数量。

③ 对投标人的资质等级方面的要求。

④ 对工程承包方式的说明，主要阐明本项工程的计价模式，包括：工程量的计算方法、工程数量是变量还是暂定量，未列项目是否按实计量，以及采用什么工程量计算规则；价格如何确定，是按定额计价还是综合单价计价等。

⑤ 报价时应注意的问题，投标文件发现失误如发生计价或汇总错误时的处理方法。

⑥ 招标人希望或要求投标人注意的其他问题。

（2）《工程说明》分析

工程说明是对该招标文件规定的招标项目、招标内容和范围等的详细规定，一般来讲，包括以下内容：

① 招标工程项目的名称、地点、规模。

② 招标工程项目的现场情况。

③ 本项招标工程的范围界定、投标报价内容。

④ 招标工程项目所适用的工程技术规范。

（3）合同内容分析

① 合同的种类。建筑装饰工程项目的招标可以采用总价合同、单价合同、成本加酬金合同以及“交钥匙”式总包合同等其中的一种或几种形式。有的招标项目在不同部分采取不同的计价方式，所以，两种甚至两种以上合同方式并用的情况并不少见。在总价合同中，承包人承担工程数量方面的风险，故重点是应对工程数量进行复核；在单价合同中，承包人承担固定单价风险，故重点是应对材料、设备及人工的市场行情及对其变化趋势作出合理的综合分析。

② 工程进度款支付方式。应充分注意到合同条件中关于工程付款的有无，工程进度款支付的时间、比例；保留金的扣留比例、保留金总额及退还时间与条件等。根据这些规定及预计的项目施工进度计划，绘制出本工程现金流量图，计算出占用资金的数额和时间，从而考虑需要支付的利息等。若合同条件中关于付款的规定含糊或明显不合理，应要求招标人在答疑会上澄清或解释，并最好作出修改。

③ 施工工期。合同条件中关于合同工期、工程竣工日期、部分工程分期交付工期等规定，是投标人制作工程施工进度计划的依据，也是投标人报价的重要依据；同时应特别注意工期非承包人原因延误时的有关顺延和赔偿方法。

④ 工程量清单及其复核。应仔细研究工程量的计算规则，研究工程量清单的编制方法和体系。同时，要注意工程量清单中的各分部分项工程数量可能不十分准确，若设计图纸的深度不够也可能会产生较大的误差，不仅影响综合单价的报价，也会影响所使用的施工方法、人员和施工设备安排、准备材料的数量。

⑤ 工程变更及相应的合同价格调整。任何施工项目中，工程变更是不可避免的，承包人有责任和义务按发包人的要求完成变更工程部分的施工，同时也有权获得相应合理的补偿。工程变更包括工程数量的增减变化和工程内容与性质的变化。

3. 察看现场

察看工程现场是投标人必须重视的投标程序。招标人在招标文件中一般都明确了投保人察看工程现场的时间和地点，明确规定投标人所作出的报价是在审核招标文件并实地察看工程现场的基础上编制出来的。察看现场主要应注意以下内容：

① 建筑物内部空间结构是否影响施工、图纸规定的尺寸与实际尺寸有无偏差等。

② 施工现场周边道路情况、进出工地的条件。

③ 现场管理办公室、材料堆放场地安排的可能性，是否需要二次运输。

④ 施工用临时水电接口的位置。

⑤ 现场施工对周边环境可能产生的影响。

以上问题都有可能影响开班项目费用的报价。

4. 编制回标文件

回标文件是在分析研究招标文件的基础上，对投标文件提出的问题进行全面答复。要回答这些问题，需要做大量的工作。

(1) 生产要素询价

① 劳动询价。由于人工单价的市场变化，估价时要将操作工人划分为高级技工、熟练工、半熟练工和普通工等，分别确定其人工单价。

② 材料询价。材料价格在工程造价中非常重要，材料总价值在工程总造价中占有极大的比例，可以占到约45%～55%，材料价格是否合理对于工程估价的影响非常大。因此，对材料进行询价是工程询价中最重要的工作。

③ 施工用机械设备询价。虽然在建筑装饰施工中，所用到的机械设备不如土建工程施工所使用的数量那么多、那么大型化，但装饰工程所使用的中小型施工机械设备，同样存在耗材、磨损、保养、维修等费用，必要时还需要购置新设备，机械设备的价格对工程估价也会产生一定影响。

（2）分包询价

除了业主指定的分包工程项目以外，投标人特别是总承包人应在确定的施工方案的初期就要定出需要分包的专业工程范围。决定分包的专业工程范围主要考虑工程的专业性和项目的规模，大多数承包人将自己不熟悉的专业化程度较高或是相对利润较低的、风险性较大的分部分项工程分包出去。决定了分包项目内容后，投标人可以准备好函件将相关图纸及工程说明与要求等资料送交预定的若干个分包人，请他们在规定的时间内报价，以便进行比较选择。分包询价单也相当于一份招标文件，其内容应包括原招标文件内涉及有关分包工程项目的全部内容，以及投标人额外要求分包人承担的责任和义务。

收到分包人提交的报价单之后，投标人要对其进行分包询价资料分析，主要从以下几个方面进行：

① 分析分包人标函的完整性。审核分包标函是否包括分包询价单要求的全部工作内容，描述工程项目内容的表述是否含糊，避免将来在工作中产生纠纷。

② 核实分项工程单价的完整性。应准确核实分项工程单价的内容，如材料价格是否包含运杂费，分项单价是否包括人工费、管理费等。

③ 分析分包报价的合理性。分包工程报价的高低，对投标人的标价影响很大。因此，投标人要对分包人提交的标函进行全面分析，不能仅仅把价格高低作为唯一的标准。除了要保护自身利益以外，还应考虑分包人的利益。分包人有利可图，才更利于协助投标人完成工程项目内容。

（3）价格信息的获取

① 政府部门。各地主管建设的政府部门都有相应的工程造价管理机构，定期发布各类材料预算价格、材料价格指数以及材料价差调整系数等公开信息，可作为编制投标报价的主要依据。

② 厂商及代理商。主要材料及设备应向其厂商或代理商询价，以求获得更准确合理的价格信息。

③ 互联网。随着互联网的普遍应用，出现了许多工程造价网站，能提供当地或本部门、本行业的价格信息，不少材料供应商也利用互联网介绍其产品性能及价格。网络价格信息具有信息量大、更新快、成本低的特点，但互联网价格信息仅适用于产品性能和价格的初步比较，主要材料的价格仍然需要进一步核实。

投标人在研究招标文件、察看现场条件及询价的基础上，可以编制出符合招标文件要求的回标文件（包括商务标和技术标两个部分）。

（4）投标计算

投标报价最主要的工作就是综合单价的确定，直接关系到整个报价的合理性，综合单价的确定方法有以下几种：

① 利用现有的企业报价定额确定综合单价。投标人在经过多次投标报价后，积累了大量的经验资料，根据不同的施工方案结合自身特点，扬长避短，建立起企业自身的具有一定优势的报价定额体系，结合最新价格信息，确定综合单价。

② 使用综合单价分析法确定综合单价。这种方法是在没有现成单价可以直接使用或参考时，可以用最综合单价进行具体的分析，依据投标文件、合同条款、工程量清单中对清单项目的描述，以及《建设工程工程量清单计价规范》（GB 50500—2013）的工作内容做详尽的单价分析。

计算出清单项目全部工程内容的工程量，包括附属项目的工程量，也称为二次工程量，这些工程量的计算规则，可参考相关定额的计算规则。

参考可以直接套用相应的消耗量定额，直接输入企业所选用的人工、材料、机械费用、管理费、利润的价格或费率即可。

要适当考虑风险因素和社会经济状况对价格的影响，如果社会经济状况良好，经济运行平稳，则相关风险因素影响较小。

（5）标书的编制

投标单位对投标项目作出报价决策后，就可以编制标书了，标书就是招标文件中投标须知所规定的投标人必须提交的所有文件。投标报价书是投标人正式签署的报价函，习惯上被称为“标函”。中标后，投标报价书及其附件将成为合同文件的重要组成部分。但是，当投标价与中标价产生变化，或中标价所包括的工程内容与投标价存在差异时，也可以将中标通知书取代投标报价书。此时，工程量清单也可能同时调整（如发包方与承包方商定中标价在投标价基础上下调一定百分比时，合同清单里的单价一般是调整到位的）。

5. 确认中标通知书

招标人在确定中标单位后，因正式合同文件的准备需要一个过程，所以往往会先签发一份中标通知书给中标单位。在该中标通知书中，一般会明确以下内容：

① 本工程项目的中标范围。

② 本工程项目的中标价格或合同总价。

③ 合同文件的组成部分（包括招标文件的全部内容、招标过程中双方的一切往来函件等）、解释顺序等内容。

中标单位在审阅中标通知书的内容无误后，应作出书面确认，至此，即宣告本工程项目的招标投标工作结束，发包人与承包人的关系确认无误。因此，对中标通知书的书面确认，实质上就是发包人与承包人之间正式签订合同之前签订的一份简约的协议，按《中华人民共和国合同法》的规定，发包方与承包方签订的中标通知书具有法律效应。

练习与思考

一、单项选择题

1. 招标投标活动应该遵循公开原则，这是为了保证招标活动的广泛性、竞争性和透明性。公开原则，首先要求招标信息公开，其次还要求________。

A. 开标前标底公开　　B. 招标单位公开

C. 评标的标准公开　　D. 投标单位公开

2. 某建筑装饰工程招标文件中规定的开标时间是6月1日，投标有效期是3个月，某装饰工程公司作为投标人于5月15日提交投标书和投标保证金，该投标保证金的有效期应至________。

A. 8月30日　　B. 9月15日

C. 8月15日　　D. 9月30日

3. 邀请招标也称有限竞争性选择招标，是指招标人以________的方式邀请特定的法人或其他组织投标。

A. 投标邀请书　　B. 合同谈判

C. 传媒广告　　D. 招标公告

4. 某政府办公楼装饰工程进行公开招标，其工作内容包括：①答疑和勘察现场；②发出中标通知书；③开标会议；④发布资格预审公告；⑤评标专家确定中标人；⑥出售招标文件；⑦资格预审。

正确的顺序是________。

A. ④①⑥⑦③⑤②　　B. ④⑦⑥①③⑤②

C. ④⑥①③⑦⑤②　　D. ④⑥⑦①③⑤②

5. 某装饰工程公司参与某商业大厦装饰工程的施工招投标，按要求提交了银行保函作为投标保证金，数额符合规定但有效期不符合招标文件中“应超出投标有效期30日”的规定，则________。

A. 该公司在评标中会被扣分　　B. 该公司的投标书将被作为废标处理

C. 评标专家可以要求该公司补正　　D. 该公司的投标保证金将被没收

6. 招标人应该根据招标投标项目的特点和________编制招标文件。

A. 功能　　B. 需要

C. 造价　　D. 工期

7. 两个以上法人和其他组织签订共同投标协议，以一个投标人的身份共同投标是________。

A. 联合体投标　　　　B. 共同投标
C. 合同投标　　　　D. 协作投标

8. 关于联合体投标提交投标保证金，说法正确的是________。

A. 应以联合体牵头人的名义提交投标保证金
B. 应以联合体牵头人的名义或者联合体各方的名义提交投标保证金
C. 应以联合体各方的名义提交投标保证金
D. 联合体投标因实力比较强，可以不必提交投标保证金

二、多项选择题

1. 某建筑装饰工程项目公开投标，在投标截止时间 6 月 18 日上午9:00前，投标人共递交投标书 8 份。其中甲投标书没有密封；乙投标书没有按招标文件要求随投标书提交投标保证金；丙投标书在商务标中报价金额的大小写不一致；到了9:45，丁才把投标书送达，并解释为因单位领导出差刚回来，由于等候领导签字的原因所以晚到。下列选项正确的是________。

A. 招标人应拒绝丁投标书
B. 若丁投标书有其法定代表人的书面证明，则应该接受
C. 甲投标书无效，不用宣读
D. 乙投标书是废标
E. 丙投标书是废标

2. 在某建筑装饰工程项目招标中，经过评标，以下说法错误的是________。

A. 评标委员会认为所有投标都不符合要求，否认所有投标
B. 投标价格最低的投标人必须中标
C. 中标人收到中标通知书时，该通知书才发生效力
D. 招标人可以撤回中标通知书
E. 招标人只需要向中标人发出中标通知书，而无需向其他投标人发出通知

3. 开标过程中应注意的问题有________。

A. 开标时，由投标人或者其推选的代表检查投标文件的密封情况
B. 开标由建设行政机关人员主持
C. 开标地点为招标人办公所在地
D. 开标时可以由投标人委托的公证机关检查并公证
E. 开标过程应当记录，并存档备案

4. 开标后，应作为废标处理的情况有________。

A. 以虚假方式谋取中标的

B. 低于成本报价竞争的

C. 不符合资格条件或拒不对投标文件澄清、说明和改正的

D. 高于成本数倍竞标的

E. 未能在实质上响应的投标

5. 关于招标代理机构，下列说法正确的是________。

A. 招标代理机构是建设行政主管部门所属的专门负责招标投标代理工作的机构

B. 招标代理机构是社会中介组织

C. 招标代理机构应当在招标人委托的范围内承担招标事宜

D. 建设行政主管部门有权为招标人指定招标代理机构

E. 所有的招标都必须委托招标代理机构进行

6. 联合体参加资格预审并获得通过的，在下列________情况下，招标人可以拒绝该投标联合体。

A. 联合体更换了一个成员，该成员显然未经过资格预审，但其资质比替换下去的成员高

B. 在提交投标文件截止前联合体又增加了一个成员，但该联合体马上通知了招标单位

C. 在投标有效期内，有一个联合体成员因故退出投标

D. 联合体成员发生变动，经招标单位同意由另一个资质较高的成员替代一个资质较低的成员

E. 在投标截止日期前，一个资质较低的成员因故退出投标

7. 有关招标投标签订合同的说明，正确的有________。

A. 应当在中标通知书发出之日起30日天内签订合同

B. 招标人和中标人不得再签订背离合同实质性内容的其他协议

C. 招标人和中标人可以通过合同谈判对原招标文件、投标文件的实质性内容作出修改

D. 如果招标文件要求中标人提交履约担保，招标人应向中标人提供工程款支付担保

E. 中标人不与招标人签订合同时，应取消其中标资格，但投标保证金应予退还

三、案例分析题

1. 某国有资产办公楼装饰工程项目，业主委托某具有相应招标代理及造价咨询资质的招标代理机构编制该项目的招标控制价，并采用公开招标方式进行项目施工招标。

招标投标过程中发生以下事件：

事件1：招标代理人确定的自招标文件出售之日起至停止出售之日止的时间为10个工作日，投标有效期自开始发售招标文件之日起计算，招标文件确定的投标有效期为30天。

事件2：为了加大竞争，以减少可能的围标而导致竞争不足，业主（招标人）要求招标代理人对已根据计价规范、行业主管部门颁发的计价定额、工程量清单、工程造价管理机构发布的造价信息或市场造价信息等资料编制好的招标控制价格再下降10%，并仅公布了招标控制价总价。

事件3：业主（招标人）要求招标代理人在编制招标文件中的合同条款时，不得有针对市场价格波动的调价条款，以便减少未来施工过程中的变更，控制工程造价。

事件4：应潜在投标人的请求，招标人组织最具竞争力的一个潜在投标人勘察项目现场，并在现场口头解答了该潜在投标人提出的疑问。

事件5：评标中，评标委员会发现某投标人的报价明显低于其他投标人的报价。

问题分析：

（1）指出事件1中的不妥之处，并说明理由。

（2）指出事件2中招标人行为的不妥之处，并说明理由。

（3）指出事件3中招标人行为的不妥之处，并说明理由。

（4）指出事件4中招标人行为的不妥之处，并说明理由。

（5）针对事件5，评标委员会应如何处理？

2. 某集团公司委托某咨询单位对该集团开发的写字楼装饰工程项目进行施工招标。招标投标过程中发生以下事件：

事件1：在施工招标前，咨询单位拟定了招标过程中可能涉及的各种文件并在这些文件中提出以下文件作为承包商编制投标文件的依据：

① 装饰工程综合说明。

② 设计图纸及技术说明。

③ 工程量清单。

④ 装饰工程的施工方案。

⑤ 主要材料及设备供应形式。

⑥ 保证工程质量、安全、进度和降低成本的主要技术组织措施。

⑦ 特殊工程的施工要求。

⑧ 施工项目管理结构。

⑨ 合同条件。

事件2：该工程项目采取公开招标方式，在招标公告中要求投标者应具有建筑装饰装修工程专业承包一级资质，要求拟任项目经理应具备一级建造师执业资格并在有效注册期内。参加投标的施工单位及施工联合体共8家。在开标会上，有建设单位、咨询单位、各施工单位、市招标办、评标专家等相关人员参加。开标前，评标小组成员提出对各投标单位的资质进行审查。

事件3：在开标中，F装饰施工联合体由三家施工单位组成，其中甲装饰公司为一级资质，乙、丙两家为三级资质，该联合体被认定为不符合投标资质要求，撤销了其标书。

问题分析：

(1) 事件1中所列文件作为承包商编制投标文件的依据是否妥当？请说明理由。

(2) 事件2中开标会上能否列入“投标单位资质审查”这一程序？请说明理由。

(3) 事件3中为什么F联合体不符合投标资质要求？请说明理由。

第二章　建筑装饰工程合同管理

合同管理是工程项目管理的核心。建筑装饰工程合同管理是对合同的签订、履行、变更和解除进行筹划和控制的过程，其主要内容：根据项目特点和要求确定施工承发包模式和合同结构、选择合同文本、确定合同计价和支付方法、签订合同、合同履行过程中的管理和控制、合同索赔和反索赔、合同解除等。

第一节　施工承发包模式

工程项目承发包的模式，又称工程施工任务委托模式，反映的是工程项目发包方与施工任务承发包之间、承发包与分发包之间的合同关系。一个工程项目能否成功，能否进行有效的投资控制、进度控制、质量控制、合同管理及组织协调，很大程度上取决于承发包模式的选择。

常见的工程项目承发包模式有施工平行承发包模式、施工总承包模式和施工总承包管理模式。

一、施工平行承发包模式

1. 施工平行承发包的含义

施工平行承发包又被称为分别承发包，是指发包方根据工程项目的特点、项目进展情况和控制目标的要求等因素，将工程项目按一定原则进行分解，将其施工任务分别发包给不同施工单位，各个不同施工单位分别与发包方签订施工承包合同。

2. 施工平行承发包模式的特点

① 费用控制。对于发包人而言，选择平行方式和选择最好的施工单位承包，对工程造价有利。但发包人要到签订最后一份合同时才知道整个工程的总造价，对投资早期控制不利。

② 进度控制。工程项目可以部分先行开工，甚至可以边设计边施工，从而缩短建设周期。但由于要进行多次投标，占用业主的时间较多，且由于不同单位之间施工的

各部分工程及实施都由业主负责，虽然控制力度大，但矛盾集中，业主管理风险加大。

③ 质量控制。由于各个施工单位之间有竞争，能形成一定的控制和制约机制，对业主的质量控制是有利的。但如果合同交互界面较多，则需要重视对各个合同之间界面的严格定义，否则对该工程项目的质量控制不利。

④ 合同管理。因为施工单位多，涉及的招标、合同谈判、签约等工作量大，对业主不利。同时，签订合同越多，业主要承担合同规定的相关责任和义务也越多，且要同时跟踪管理多个施工承包合同，合同管理工作量大。

⑤ 组织和协调。业主直接控制所有工程的发包，要负责所有承包商的组织和协调，需要投入更多的人力、物力进行管理，管理成本高，对业主不利。

3. 施工平行承发包模式的应用

① 当工程项目规模很大时，不可能选择一个施工单位进行施工总承包或施工总承包管理，也没有一个施工单位有能力进行施工总承包或施工总承包管理。

② 由于项目建设时间要求紧迫，业主急于开工，需要边设计边施工。

③ 业主有足够的经验可以应付多家施工单位。

④ 业主为尽可能照顾各种关系，将工程项目分解发包。

二、施工总承包模式

1. 施工总承包的含义

施工总承包是指发包人将全部工程施工任务发包给一个施工单位或多个施工单位组成的施工联合体或施工合作体，施工总承包单位主要靠自己的力量完成施工任务。在一定条件下，经发包人同意，施工总承包单位也可以根据需要将工程施工任务的一部分或多部分分包给其他符合资质的分包人。

2. 施工总承包模式的特点

① 费用控制。在通过招标选择施工总承包单位时，一般以施工图设计为投标报价的基础，投标人的投标报价较有依据。在开工前就有明确的合同总造价，有利于业主的投资控制。若有施工过程中的设计变更，则可能产生理赔。

② 进度控制。一般要等施工图设计全部结束后才可以进行施工总承包单位的招标，开工日期较迟，建设周期相对较长，对进度控制不利。

③ 质量控制。质量控制的好坏在很大程度上取决于对施工总承包单位的选择及其相应的管理水平与技术水平，导致业主对施工总承包单位的依赖较大。

④ 合同管理。业主只需要进行一次招标，与一个施工总承包单位签订合同，使招标及合同管理工作量大大减少，对业主有利。

⑤ 组织与管理。业主只负责对施工总承包单位的管理及组织协调，使工作量大大减少，对业主有利。

三、施工总承包管理模式

1. 施工总承包管理的含义

施工总承包管理，英文简称MC（Managing Contractor），即“管理型承包”。若是业主与某个具有丰富施工管理经验的单位或多个单位组成的联合体或合作体签订施工总承包管理协议，由其负责整个工程项目的施工组织与管理。

一般情况下，施工总承包管理单位不参与具体工程的施工，发包方另委托其他施工单位作为分包单位进行施工。但有时施工总承包管理单位可以承包部分具体工程的施工，也可以参加这一部分工程的投标，通过竞争获取任务。

2. 施工总承包管理模式和施工总承包模式的比较

（1）工作开展程序不同

施工总承包模式一般工作程序是：工程项目的设计→施工图完工→施工总承包的招投标→施工。某些大型项目要等到施工图全部出齐后才开始工程招投标过程，显然是比较困难的。

施工总承包管理模式的招标则可以在项目尚处于设计阶段进行，每完成一部分施工图就进行一部分的招标，从而使该工程项目的部分工程的施工可以提前到整个项目设计阶段尚未完全结束之前进行，很大程度上可以节省建设周期。

二者在工作程序及建设周期上的对比如图2－1所示：

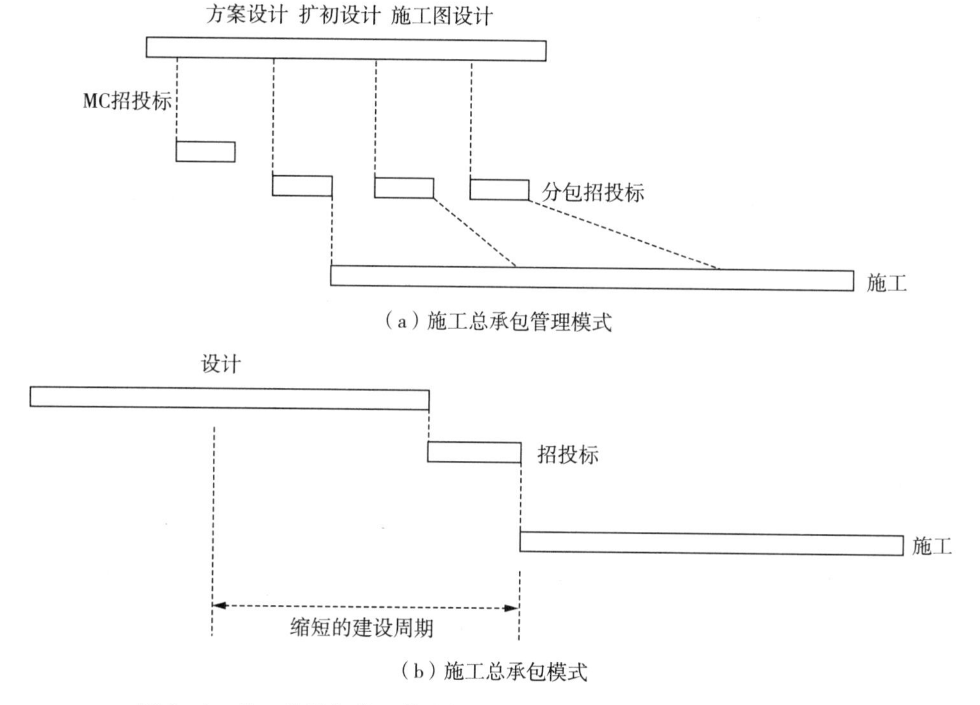

图2－1　施工总承包管理模式与施工总承包模式的工作开展顺序比较

（2）合同关系不同

施工总承包管理模式合同关系可以有两种，一种由业主与分包单位直接签订合同，另一种由施工总承包管理单位和分包单位签订合同。

（3）对分包单位的选择和认可

在施工总承包模式中，如果业主同意将某几个部分工程进行分包，往往由施工总承包单位选择分包单位，业主认可即可。

在施工总承包管理模式中，所有分包单位的选择由业主决策，但每一个分包单位的选择和每一个分包合同的签订都要经施工总承包管理单位的认可。

（4）对分包单位的付款

对各个分包单位的付款可以由施工总承包管理单位支付，也可以由业主直接支付。

（5）施工总承包管理的合同价格不同

施工总承包管理合同中只确定总承包管理费，而不需要事先确定工程总造价，这也是施工总承包管理模式的招标可以不依赖于设计施工图纸出齐的原因之一。

总承包管理费一般可以按工程造价的一定百分比计取或者直接确定一个总价。

虽然施工总承包管理模式和施工总承包模式有很大区别，但二者也存在一定相同的方面。比如承担的责任和义务，对分包人的质量、进度进行控制，并负责审核和控制分包合同的费用支付，负责协调各个分包的关系，负责各个分包的合同管理。二者都需要承担相同的管理责任，对施工管理目标负责，负责向分包人提供相应的服务。二者都配置有费用控制、进度控制、质量控制、合同管理、信息管理、组织与协调的组织机构和人员。

3. 施工总承包管理模式的特点

（1）费用控制

① 某一部分工程施工图完成后，由业主单独或施工总承包管理单位共同进行该部分工程的施工招标工作，该部分的投标报价相对有依据。

② 每一部分的施工，发包人都可以通过招标选择最好的施工单位承包，获得最低的报价，对控制工程造价有利。

③ 在进行施工总承包管理单位招标时，只确定总承包管理费，无合同总造价，对业主来讲有一定风险性。

④ 多数情况下，业主与分包单位直接签约，加大了业主方面的风险。

（2）进度控制

施工总承包管理模式与施工总承包模式相比可以提前开工，从而缩短建设周期。施工总进度计划的编制、控制和协调由施工总承包管理单位负责，而项目总进度计划的编制、控制和协调以及设计、施工、供货之间的进度计划协调由业主负责。

(3) 质量控制

对分包单位的质量控制主要由施工总承包管理单位进行。各分包合同交界面的定义由施工总承包管理单位负责，减少了业主的工作量。

(4) 合同管理

一般情况下，所有分包合同的招投标、合同谈判、签约工作都由业主负责，业主方的招标及合同管理工作量大，对业主不利；对分包单位工程款的支付又可分为总承包管理单位支付和业主直接支付两种形式，前者对加大施工总承包管理单位对分包单位管理的力度更有利。

(5) 组织与协调

由施工总承包管理单位负责对所有分包单位的管理及组织协调，大大减少了业主的工作量；与分包单位的合同一般由业主签订，一定程度上削弱了施工总承包管理单位对分包单位管理的力度。

第二节 建筑装饰工程合同的签订

经过合同谈判，承发包双方对新形成的合同条款一致同意并形成合同草案后，即进入合同签订阶段，这是确立承发包双方权利义务关系的最后一步工作。一个符合法律规定的合同一经签订，即对合同当事人双方产生法律约束力。

一、订立建筑装饰工程合同的基本原则

1. 平等原则

当事人之间在合同的订立、履行和承担违约责任等方面处于平等的法律地位，彼此的权利、义务对等。

2. 自愿原则

是否订立合同、与谁订立合同、订立合同的内容以及是否变更合同，都由当事人依法自愿决定。

3. 公平原则

当事人在设立权利义务、承担民事责任方面，要公正、公允、合理、合情。

4. 诚实信用原则

当事人在订立、履行合同的整个过程中，应当持真诚的态度，相互协助、密切配合、言行一致，正确、适当地行使合同规定的权利，全面履行合同规定的义务，不弄虚作假，不做损害对方以及国家、集体、第三人和社会公共利益的事情。

5. 合法原则

合同主体、合同的订立形式、订立合同的程序、合同的内容、履行合同的方式以

及对变更或者解除合同权利的行使等，都必须符合我国的法律、法规。

在建筑装饰工程合同的实践中，以下情况属于因为违反相关法律、法规的强制性规定而无效或部分无效：

① 无经营活动资格或超越资质等级订立的合同。

② 未取得《建筑工程规划许可证》或违反《建设工程规划许可证》的规定进行建设，严重影响城市规划的工程项目所订立的合同。

③ 未取得《建设用地规划许可证》的工程项目所订立的合同。

④ 未依法取得土地使用权的工程项目所订立的合同。

⑤ 必须招投标的项目，未办理招投标手续而订立的合同。

⑥ 根据无效中标结果所订立的合同。

⑦ 非法转包合同和不符合分包条件而分包的合同。

⑧ 违法带资、垫资施工的合同。

二、订立建筑装饰工程合同的形式与程序

订立建筑装饰工程合同的形式和程序应符合《中华人民共和国合同法》等法律法规的规定。

1. 订立建筑装饰工程合同的形式

《中华人民共和国合同法》规定："当事人订立合同，有书面形式、口头形式和其他形式"，同时又规定"工程施工合同应采取书面形式"，"书面形式是指合同书、信件和数据电文（包括电报、电传、传真、电子数据交换和电子邮件）等可以有形地表现可载内容的形式"。

2. 订立建筑装饰工程合同的程序

根据《中华人民共和国合同法》《中华人民共和国招标投标法》《房屋建筑和市政基础设施工程施工招标投标管理办法》的规定，工程合同的订立程序有两种方式：

① 遵循合同的一般订立程序，即要约→承诺方式订立合同。

② 通过特殊的方式，即招投标的方式订立合同，其程序为招投标公告或招标邀请（要约邀请）→投标（要约）→中标通知书（承诺）→签订书面工程合同四个阶段。这也是目前我国工程建设领域广泛采用的方式。

第三节　建筑装饰工程合同的内容

建筑装饰工程合同属于建筑工程施工合同的一种类型，因此，适用于为规范和指导当事人双方的行为，避免合同纠纷，解决合同文本中不规范、条款不完备、执行过程纠纷多等一系列问题而编制的非强制性指导合同示范文本——《建筑工程施工合同

（示范文本）》（GF—2017－0201）、《建筑工程施工专业分包合同（示范文本）》（GF—2003－0213）、《建筑工程施工劳务分包合同（示范文本）》（GF—2003－0214）。

一、工程施工合同的主要内容

根据住房和城乡建设部、原国家工商行政管理总局根据工程建设的有关法律、法规发布的《建筑工程施工合同（示范文本）》（GF—2017－0201）（2017年10月1日起执行），工程合同由合同协议书、通用合同条款和专用合同条款三部分以及附件组成。

1. 合同协议书

协议书是总纲性文件，是发包人和承包人就工程施工中最基本、最重要的事项协商一致而订立的合同条款。主要包括工程概况、合同工期、质量标准、签约合同价和合同价格形式、项目经理、合同文件构成、承诺以及合同生效条件等重要内容，集中约定了合同当事人基本的合同权利与义务。合同当事人应在这份文件上签字盖章，具有很高的法律效力，在所有施工合同文件组成中具有最优的法律解释效力。

2. 通用合同条款

通用合同条款是根据《中华人民共和国建筑法》《中华人民共和国合同法》等法律法规的规定，就工程建设的实施及相关事项，对合同当事人的权利义务作出的原则性约定。

通用合同条款共20款，具体为：一般约定、发包人、承包人、监理人、工程质量、安全文明施工与环境保护、工期和进度、材料与设备、试验与检验、变更、价格调整、合同价格、计量与支付、验收和工程试车、竣工结算、缺陷责任与保修、违约、不可抗力、保险、索赔和争议解决。

3. 专用合同条款

专用合同条款是根据所订立合同工程项目的特点和具体情况，对通用合同条款原则性约定的细化、完善、补充、修改或另行约定的条款。

合同当事人可以通过对专用合同条款的修改，满足具体工程项目的特殊情况要求，避免直接修改通用合同条款。一般来讲，专用合同条款的编号应与相应的通用合同条款编号一致。

4. 附件

《建筑工程施工合同（示范文本）》（GF—2017－0201）提供了11个附件，是对合同当事人权利义务的进一步明确，并且使发包方和承包方的有关工作一目了然，便于执行和管理。

这11个附件包括：协议书附件《承包人承揽工程项目一览表》，专用合同条款附件《发包人供应材料设备一览表》《工程质量保证书》《主要建设工程文件目录》《承包人用于本工程施工的机械设备表》《承包人主要施工管理人员表》《分包人主要施工管理人员表》《履约担保格式》《预付款担保格式》《支付担保格式》《暂估价一览表》。

二、施工专业分包合同的主要内容

针对各种工程项目中普遍存在的专业工程分包的实际情况，为了规范管理，减少和避免纠纷，住房和城乡建设部、原国家工商行政管理总局发布了《建筑工程施工专业分包合同（示范文本）》（GF—2003－0213）。

专业分包合同包括协议书、通用条款和专用条款三部分以及附件。具体分为词语定义及合同文件、双方一般权利和义务、工期、质量与安全、合同价款与支付、工程变更、竣工验收与结算、违约和索赔及争议、保障和保险及担保以及其他共 10 部分 38 条，主要内容如下：

① 工程承包人（总承包单位）的主要责任和义务。

② 专业工程分包人的主要责任和义务。

③ 合同价款及支付。

④ 转包与分包。

三、施工劳务分包合同的主要内容

劳务作业分包是指施工承包单位或专业分包单位将其承包工程中的劳务作业部分发包给劳务分包单位（即劳务作业承包人）完成的活动。《建筑工程施工劳务分包合同（示范文本）》（GF—2003－0214）采用了较简化的表达方式，将协议书、通用条款、专用条款合为一体，共列 35 条，其主要内容如下：

① 工程承包人的主要义务。

② 劳务分包人的主要义务。

③ 保险。

④ 劳务报酬。

⑤ 工时及工作量的确认。

⑥ 劳务报酬最终支付。

⑦ 禁止转包及再分包。

四、物资采购合同的主要内容

在建筑装饰工程施工中，物资采购也需要订立合同，物资一般指建筑装饰材料（含构配件）和设备等。物资采购合同其合同当事人为供货方和采购方，供货方是物资供应单位或装饰材料与设备的生产厂家，采购方则是建设单位（业主）、项目总承包单位或施工承包单位。

1. 装饰材料采购合同的主要内容

装饰材料采购合同主要约定标的、数量、包装、交付与运输方式、验收、交货期限、价格、结算、违约责任等内容。其中标的指的是购销物质的名称（注明牌号、商标）、品种、型号、规格、等级、花色、技术标准或质量要求等。订购特殊产品，还应注明其用途，以免产生不必要的纠纷。

2. 设备采购合同的主要内容

设备采购合同的一般条款可参照装饰材料采购合同的一般条款，但又有一些特别需要注意的问题：

① 设备采购合同通常采用固定总价合同，在合同价格期限内价格不进行调整。

② 明确设备名称、数量、随主机的辅机、附件、易损耗备用品、配件和安装修理工具，都要在合同中列出详细清单。

③ 如果需要供货方提供必要的售后现场服务，需在合同中明确其服务内容，并对现场技术人员的工作条件、生活待遇及费用等作出明确规定。

④ 合同中应明确设备的验收方法及是否保修、保修期限、费用分担等。

第四节　建筑装饰工程合同的类型

建筑装饰工程合同可根据不同的方式进行分类，如按合同标的性质，可以分为装饰工程设计合同、装饰工程监理合同、装饰工程物资供应合同、装饰工程设备加工订购合同、装饰工程施工承包合同等；按合同所包括的工程范围和承包方式则可以分为总包合同和分包合同；按计价方式不同则可分为单价合同、总价合同和成本加酬金合同三大类。

本节主要介绍按计价方式不同进行的合同分类，三种类型的比较见表 2－1 所列。

表 2－1　三种合同计价方式比较

	单价合同	总价合同	成本加酬金合同
应用范围	工程量暂不确定的工程	广泛	紧急工程、保密工程等
业主风险	较大	较小	很大
承包人风险	较小	大	无
业主投资控制工作量	较大	较小	较大
设计深度要求	初步设计或施工图设计	施工图设计	各设计阶段皆可

一、单价合同

1. 单价合同的含义

单价合同是指根据计划工程内容和估算工程量，在合同中明确每项工程内容的单位价格（如长度单位米、面积单位平方米、体积单位立方米或质量单位吨、千克以及其他单位个、项、人等），实际支付时按实际完成的工程量乘以合同单价得出应付的工程款数目。

2. 单价合同的分类

单价合同可分为固定单价合同和变动单价合同。

固定单价合同一旦订立，无论发生哪些影响价格变更的因素都不对单价进行调整变更，因而对承包商存在一定风险性，因此适用于工期较短、工程量变化幅度不会太大的工程项目。

变动单价合同的合同双方可以约定当实际工程量相对之前估算的工程量变化较大或外部社会经济因素对单价有较大影响时，可以对单价进行调整，并且要约定调整的方式。这样一来，承包商的风险就相对较小。

3. 单价合同的特点和应用

单价合同的特点是单价优先，虽然在投标报标、评标及签订合同中比较注重总价格，但在工程款结算中单价优先，当总价和单价的计算结果不一致时，以单价为准调整总价。由于单价合同允许根据工程量变化而调整工程总价，业主和承包商都不存在工程量方面的风险，因此对合同双方都比较公平。另外，在招标前发包单位无需对工程范围作出完整、详尽的规定，从而缩短招标准备时间，投标人也只需对所列工程的内容报出单价，从而缩短招投标时间。

但采用单价合同，业主需要安排更多专门力量来核实已经完成的工程量，花费不少精力，协调工作量大；另外，实际工程量可能超出预测的工程量，导致实际投资超出计划投资，对业主的投资控制不利。

所以，单价合同一般应用于发包工程的内容和工程量一时尚不能明确、具体予以认定的工程项目。

二、总价合同

1. 总价合同的含义

总价合同也被称为“总价包干合同”，即根据施工招标时的要求和条件，当施工内容和有关条件不变化时，业主支付给承包商的工程价款总额是一个规定的金额，也就是明确的总价。如果投标时由于承包人的失误造成投标价计算错误，合同总价也不予调整。

2. 总价合同的分类

总价合同也可分为固定总价合同和变动总价合同。

固定总价合同的价格计算是以图纸及规定、规范为基础，工程内容和任务明确，业主的要求和条件清晰，合同总价一次包死、固定不变，不再因环境的变化和工程量的增减而变化。这类合同中承包商承担了全部的工程量和价格的风险，因此在报价阶段，对一切费用的价格变动因素以及不可预见因素都要做充分估计，将其包含在合同价格中。

变动总价合同又被称为“可调总价合同”，合同的价格计算是以图纸及规定、规范为基础，按照时价进行计算，得到包括全部工程内容和任务的暂定合同价格。它是一种相对固定的价格，在合同执行过程中，因社会经济因素（如通货膨胀）而致所使用的人工、材料成本增加时，可以按照合同约定对合同总价进行相应的调整。当然，由于设计变更、工程量变化和其他工程条件变化所引起的费用变化也可以进行调整。因此，相关不可预见因素的风险由业主承担，不利于其投资控制，而对承包商来讲，则相应地降低了风险性。

在《建筑工程施工合同（示范文本）》（GF—2017－0201）中，规定了合同双方可以约定，在以下条件中可以进行合同价款调整：

① 市场价格波动引起的调整。包括采用价格指数进行价格调整、采用造价信息进行价格调整以及采用专用条款约定的其他方式。

② 法律变化引起的调整。基准日期（招标工程以投标截止前28天的日期为基准日期，直接发包工程以合同签订前28天日期为基准日期）后，涉及项目施工所要遵守的法律变化而产生费用增加时，由发包人承担这部分费用；减少时，应从合同价格中予以减扣；同时，基准日期后，因法律变化造成工期延误的，工期应予以顺延。

3. 总价合同的特点和应用

（1）总价合同的特点

① 发包单位可以在投标竞争状态下确定项目的总造价，可以较早确定和预测工程成本。

② 业主的风险较小，承包人将承担更多的风险。

③ 评标时易于迅速确定报价最低的投标人。

④ 在施工进度上能极大地调动承包人最大的积极性。

⑤ 发包单位更容易、更有把握地对项目进行控制。

⑥ 必须完整而明确地规定承包人的工作。

⑦ 必须将设计和施工方面的变化控制在最小范围内。

总价合同相对于单价合同，性质完全不同，总是以总价优先，承包商报总价，双方商讨并约定合同总价，最终也按总价结算。

（2）总价合同的应用

目前，无论在国际还是国内，总价合同方式被广泛接受和采用，有比较成熟的法规和经验范例。大量相对工程量较小、工期较短、估计施工过程中环境因素影响小、工程条件稳定且合理、图纸完整、工程任务和范围明确、工程结构技术相对简单、投标期时间相对充裕、合同条件完备的工程项目都采用总价合同的方式。

三、成本加酬金合同

1. 成本加酬金合同的含义

成本加酬金合同也被称为“成本补偿合同”，与固定总价合同正好相反，工程施工的最终合同价格将按照工程的实际成本再加上一定的酬金进行计算。在签订合同时，工程实际成本往往不能确定，只能确定酬金的取值比例或计算原则。

2. 成本加酬金合同的形式

（1）成本加固定费用合同

根据双方讨论同意的工程规模、估计工期、技术要求、工作性质及其复杂性、所涉及的风险等来考虑，确定一笔固定数目的报酬金额作为管理费及利润，对人工、材料、机械台班等直接成本实报实销。

（2）成本加固定比例费用合同

合同价为直接费加一定比例的报酬，报酬部分的比例在双方签订合同的时候确定。

（3）成本加奖金合同

奖金根据报价书中的成本估算指标制定，在合同中对这个成本估算指标规定一个底点和顶点，承包商在估算指标的底点以上顶点以下完成工程则可以得到奖金，超越顶点则要对超出部分支付罚款，低于底点则可加大酬金值或提高酬金百分比。一般顶点设置在成本估算的110％～135％，底点设置在60％～70％。另外，罚款限额不超过原先商定的最高酬金值。

（4）最大成本加费用合同

在确定的工程成本总价基础上加固定酬金费用的方式。如果实际成本超过合同规定的工程成本总价，由承包商承担所有额外费用；若节约了工程成本，节约的部分归业主或业主与承包商共享，后者在合同中要确定节约分享的分成比例。

3. 成本加酬金合同的特点和适用范围

（1）成本加酬金合同的特点

对承包商来讲，这种合同风险低，利润比较有保证，因此比较有积极性；可以减少承包商的对立情绪，承包商对工程变更和不可预见条件的反应会比较积极和快捷；同时还可以利用承包商的施工技术专业人士，帮助改进和弥补设计中的不足；对业主来讲，可以根据自身力量和需求，较深入地介入和控制工程施工和管理，业主也可以通过确定最大保证价格约束工程成本不超过某一限定值，从而规避或转移一部分风险。

但是，成本加酬金合同不确定性大，往往无法确定合同的全部工程内容、工程量以及合同终止时间，有时难以对工程计划进行合理安排；由于承包商不承担任何价格变化或工程量变化的风险，对业主的投资控制很不利；同时，业主在深入介入和控制工程项目的同时也需耗费大量时间、精力、人员成本，带来了自身管理成本的增加；另外，承包商缺乏控制成本的积极性，往往还希望提高成本和延长工期以提高自己的经济效益。如果被某些不道德或不称职的承包商利用，会损害工程项目的整体利益。

（2）成本加酬金合同的适用范围

成本加酬金合同是一种客观存在但又要尽量避免采用的合同方式。一般适用范围有以下几种：

① 工程特别复杂，工程技术、结构方案不能预先确定，或其他非技术原因无法进行竞争性招投标活动，以单价合同和总价合同形式确定承包商，如研究开发性质的工程项目。

② 时间特别紧迫，如抢险、救灾工程，来不及进行详细的计划和商谈。

③ 某些小型工程项目因社会历史原因形成的约定俗成采用该类合同形式，如部分家居装饰工程。

4. 成本加酬金合同的注意事项

① 必须有一个明确的如何向承包商支付酬金的条款，包括支付时间和每次支付的金额百分比。如果发生变更或其他变化，酬金支付如何调整。

② 应列出工程费用详细清单，要有一套详细的与工程现场有关的数据记录、信息储存、记账方式和格式，并保留有关工程实际成本的发票、付款账单、表明款项已支付的记录或证明等，以便业主进行审核和结算。

第五节　建筑装饰工程合同的管理

合同的履行是指工程项目的发包方和承包方根据合同规定的时间、地点、方式、内容、标准等要求，各自完成合同义务的行为。建筑装饰工程合同签订后，当事人必须认真分析合同条款，向参与项目实施的有关责任人做好合同交底工作，在合同履行过程中进行跟踪与控制，加强合同的变更管理，保证合同的顺利履行。

一、合同交底

合同交底是指合同管理人员在对合同的主要内容进行解释说明的基础上，通过组织项目管理人员和各工程小组负责人学习合同条文和合同分析结果，使大家熟悉合同中的主要内容、各种规定、管理程序，了解承包人的合同责任和工程范围，以及各种行为的法律后果等；同时，也使大家树立全局观念，工作协调一致，避免在执行中出现违约行为。

合同交底是合同管理的一个重要环节，其目的是将合同目标和责任具体落实到各级人员的工程活动中，并指导管理人员和技术人员以遵守合同作为行为准则。

1. 合同交底的程序

合同交底通常分层次按以下顺序进行：

① 公司合同管理人员向项目负责人及项目合同管理人员进行技术交底，全面陈述合同背景、合同工作范围、合同目标、合同执行要点及特殊情况处理等，并解答项目负责人和项目合同管理人员提出的问题，最后形成书面合同交底记录。

② 项目负责人或由其委派的合同管理人员向项目职能部门负责人进行合同交底，陈述合同基本情况、合同执行计划、各职能部门的执行要点、合同风险防范措施等，并解答各职能部门提出的问题，最后形成书面交底记录。

③ 各职能部门负责人向其所属执行人员进行合同交底，陈述合同基本情况、本部门的合同责任及执行要点、合同风险防范措施等，并解答所属人员提出的问题，最后形成书面交底记录。

④ 各部门将交底情况反馈给项目合同管理人员，由其进一步修改完善，最后形成合同管理文件，下发到各执行人员并指导其活动。

2. 合同交底的内容

合同交底以合同分析为基础、以合同内容为核心，涉及合同的全部内容，特别是关系到合同能否顺利实施的核心条款。一般包括以下主要内容：

① 工程概况及合同工作范围。

② 合同关系及合同涉及各方之间的权利、义务和责任。

③ 合同工期总控制目标和阶段控制目标。

④ 合同质量控制目标及合同规定执行的规范、标准和验收程序。

⑤ 投资及成本控制目标，特别是合同价款的支付及调整的条件、方式与程序。

⑥ 对材料、设备采购验收的规定。

⑦ 合同双方对争议问题的处理方式、程序和要求。

⑧ 合同双方的违约责任。

⑨ 索赔的机会和处理策略。

⑩ 合同风险的内容和防范措施。

⑪ 合同进展文档管理的要求。

二、合同的跟踪与控制

建筑装饰工程合同签订后，承包单位作为履行合同义务的主体，必须对合同执行者（项目经理或项目参与人）的履行情况进行跟踪、监督和控制，以确保合同义务的完全履行。

1. 合同的跟踪

在工程实施过程中，由于实际情况多有变化，导致合同实施与预定目标（计划）

有所偏离，如果不及时采取措施，这种偏差将越来越大，因此需要对合同实施情况进行跟踪，以便及时发现偏差，不断调整合同实施，使之与合同总目标一致。

合同跟踪包括承包单位的合同管理职能部门对合同执行者（项目经理或项目参与人）的合同履行情况进行的跟踪、监督和检查，还包括合同执行者本身对合同计划情况进行的跟踪、检查与对比。在合同实施的过程中，二者缺一不可。

合同跟踪应该掌握以下方面的情况和内容：

（1）合同跟踪的依据

① 合同以及根据合同编制的各种计划文件。

② 原始记录、报表、验收报告等实际工程文件。

③ 管理人员通过巡视、交谈、会议、质量检查等方式对施工现场的直观了解。

（2）合同跟踪的对象

① 承包的任务：包括工程施工的质量、工程进度、工程数量以及成本的增加减少。

② 工程小组或分包人的工程和工作：工程承包人必须对工程小组或分包人及其所负责的工程进行跟踪检查、协调关系、提出意见和建议或警告，以保证工程整体质量和进度，防止局部影响全局。

③ 业主和其委托的现场工程师的工作：业主是否及时、完整地提供了场地、图纸、资料等工程施工的条件，业主和现场工程师是否及时给予了必要的指令、答复和确认等，业主是否及时并足额支付了应付的工程款项。

④ 工程总的实施状况：包括工程整体施工秩序状况是否良好，是否出现现场混乱的现象，承包商与业主的其他承包商或供应商之间是否协调困难，是否出现事先未考虑到的情况和局面，是否发生较严重工程事故，已完成工程是否没有通过验收，施工进度是否未能达到预定计划，主要工程活动是否发生拖期等情况发生，还有就是计划和实际的成本曲线是否出现大的偏离的情况。

2. 合同实施的偏差分析

合同实施情况的偏差分析，是指在合同实施情况跟踪基础上，评价合同实施情况及其产生的偏差，预测偏差产生的影响及发展的趋势，并分析偏差产生的原因，以便对该偏差采取调整措施，纠正偏差，避免损失。

合同实施偏差分析的内容包括：

（1）产生偏差的原因分析

通过对合同执行实际情况与实施计划的对比分析，可以发现合同实施的偏差并探索引起差异的原因。可以通过成本量差、价差、效率差分析等方式定性或定量地进行。

（2）产生偏差的责任分析

分析产生合同实施偏差的原因是谁造成的，谁该承担责任。责任分析应该以合同为依据，严格按合同规定落实双方的责任。

（3）合同实施趋势分析

针对合同实施偏差情况，可以采取不同措施进行处理，分析不同措施下合同执行的结果与趋势；包括最终工程状况、承包商所要承担的后果以及最终经济效益（利润）水平等。

3. 合同实施的偏差处理

根据合同实施偏差分析的结果，承包商应采取调整措施，可以采取的主要调整措施包括：

（1）组织措施

如增加人员投入、调整人员安排、调整工作流程和工作计划等。

（2）技术措施

如变更技术方案、采用新的更高效率的施工方案等。

（3）经济措施

如增加投入、采用经济激励措施等。

（4）合同措施

如变更合同条款、签订附加协议，必要时启动索赔手段等。

三、合同的变更管理

合同变更是指从合同订立后到履行完毕之前因各种原因由双方当事人依法对合同的内容所进行的修改；包括合同价款、工程内容、工程数量、质量要求和标准、实施程序等一切改变都属于合同变更。

合同变更主要是由工程变更引起的，工程变更属于合同变更，合同变更的管理也主要是工程变更的管理。

1. 变更的原因

① 业主对项目的新要求，如业主有新意图，修改项目计划、增减项目预算等。

② 因设计错误导致图纸修改。

③ 预定的工程条件不准确，工程环境有变化导致实施方案或实施计划变更。

④ 由于产生新技术和知识，有必要改变原设计、原实施方案和实施计划。

⑤ 政府部门对工程有新的要求，如国家计划变化、环保要求、城市规划变动等。

⑥ 由于合同实施出现问题，必须调整合同目标或修改合同条款。

2. 变更的范围

除专用合同条款另有规定以外，在履行合同中发生以下情形之一，应进行变更：

① 增加或减少合同中任何工作，或追加额外的工作。

② 取消合同中任何工作（转由他人实施的工作除外）。

③ 改变合同中任何工作的质量标准或其他特性。

④ 改变工程的基线、标高、位置和尺寸。

⑤ 改变工程的时间安排或实施顺序。

3. 变更权

发包人和监理人都可以提出变更。变更指示应通过监理人发出，监理人发出的变更信息需事先经发包人同意。承包人收到发包人签署的由监理人发出的变更后，才可以实施变更。

承包人无变更权，但可以向监理人或发包人提出合理化建议，提交合理化建议说明建议的内容和理由，以及实施该建议时对合同价格和工期的影响。经发包人同意后，可以转换为变更，并由监理人及时发出变更指示。合理化建议如果能够降低合同价格或提高了工程经济效益，发包人可以对承包人给予奖励，奖励的办法和金额在专用合同条款中约定。

4. 变更程序

（1）变更的提出

① 发包人提出变更：发包人提出的变更应通过监理人向承包人发出变更指示，应说明计划变更的工程范围和变更的内容。

② 监理人提出变更：监理人提出的变更应向发包人以书面形式提交变更计划。发包人同意变更的，通过监理人向承包人发出变更指示；发包人不同意变更的，监理人无权擅自发出变更指示。

（2）变更执行

承包人收到监理人下达的变更指示后，认为不能执行的，应立即提出不能执行的理由；承包人认为可以执行的，应书面说明实施该变更指示对合同价格和工期的影响，其合同当事人应当按照相关变更估价的约定确定变更估价。

5. 变更估价

承包人应在收到变更指示 14 天内向监理人提交变更估价申请，监理人应在收到变更估价申请 7 天内审查完毕并报送发包人。监理人对变更估价申请有异议，通知承包人修改重新提交。发包人应该在承包人提交变更估价申请后 14 天内审核完毕。发包人逾期未完成审批或未提出异议的，被视为认可承包人提出的变更估价申请。

变更估价应遵循以下原则：

① 已标价工程量清单或预算书上有相同项目的，按照相同项目价格认定。

② 已标价工程量清单或预算书上无相同项目、但有类似项目的，参照类似项目价格认定。

③ 变更导致实际完成变更工作量与已标价工程量清单或预算书列明的该项目工程量变化幅度超过 15％的，或已标价工程量清单或预算书无相同项目及类似项目单价的，由合同当事人双方按照成本与利润构成原则确定变更工作的单价。

第六节　建筑装饰工程合同的索赔

在建筑装饰工程合同的履行过程中，合同当事人一方因对方不履行或未能正确履行合同，或者由于其他非自身因素而受到经济损失或权利损害，通过合同规定的程序向对方提出经济或时间补偿要求的行为，即为索赔。索赔是一种正当的权利要求，是合同当事人之间正常而且普遍存在的合同管理业务，是一种以法律和合同为依据的合情合理的行为。

在合同执行过程中，业主和承包商即合同当事人双方都可以向对方提出索赔要求，当一方向另一方提出索赔要求，被索赔方应采用适当的反驳、应对和防范措施，这称为“反索赔”。

一、合同索赔的分类

索赔分类随划分标准、方法不同而不同，常见以下几种分类方式：

1. 按索赔与当事人的不同分类

（1）承包人与发包人之间的索赔

这类索赔主要是由有关工程量计算、变更、工期、质量和价格方面的争议导致，也有对中断或终止合同等其他违约行为的索赔。

（2）总承包人与分包人之间的索赔

这类索赔内容与上一项相似，但多数为分包人向总承包人索要付款或赔偿以及总承包人向分包人罚款或扣留支付款等。

（3）发包人或承包人与供货人、运输人之间的索赔

这类索赔主要为商贸方面的争议，如货品质量问题、货品数量、交货拖延、运输损坏等。

（4）发包人或承包人与保险人之间的索赔

这类索赔多系被保险人受到灾害、事故或其他损害及损失，按保险单向其投保的保险人索赔。

前两类涉及工程项目建设过程中施工条件、施工技术、施工范围变化引起的索赔，也被称为“施工索赔”；后两类涉及工程项目实施过程中的物资采购、运输、保管、工程保险等方面活动引起的索赔，也被称为“商务索赔”。

2. 按索赔的依据分类

（1）合同内索赔

合同内索赔是指索赔所涉及的内容可以在合同内找到依据，可根据合同规定明确划分责任。一般来讲，这类索赔的处理和解决比较顺利一些。

（2）合同外索赔

合同外索赔是指索赔所涉及的内容难以在合同文件内找到依据，但可从合同条文

引申含义和合同适用法律或政府颁发的有关法规中找到索赔的依据。

（3）道义索赔

道义索赔是指承包人在合同内外都找不到可以索赔的依据，但承包人认为自己有要求补偿的道义基础，而对其遭受的损失提出具有补偿性质的要求。

道义索赔的主动权在发包人手中，一般来讲发包人有几种情况可能会同意并接受道义索赔：一是业主如更换承包人，费用将会更大；二是业主为树立自己的形象；三是业主对承包人的同情和信任；四是业主谋求与承包人更长久的合作等。

3. 按索赔目的分类

（1）工期索赔

工期索赔，即由于非承包人原因造成工期拖延，承包人要求发包人延长工期。工期索赔的实质也是费用索赔，避免因拖期而遭业主罚款。

（2）费用索赔

费用索赔，即要求补偿费用损失、调整合同价格，弥补经济损失。

4. 按索赔事件的性质分类

（1）工程延期索赔

发包人未按合同要求提供施工条件，或因发包人指令工程暂停或不可抗力事件等原因造成工期拖延的，承包人对此提出的索赔。

（2）工程变更索赔

由于发包人或工程师指令增加或减少工程量，或者增加附加工程、修改设计、变更施工顺序等，造成工期拖延和费用增加，承包人对此提出的索赔。

（3）工程终止索赔

由于发包人违约或发生了不可抗力事件等造成工程非正常终止，承包人蒙受经济损失而提出的索赔。

（4）工程加速索赔

由于发包人或工程师指令承包人加快施工速度、缩短工期，引起承包人的人力、物力、财力额外开支而提出的索赔。

（5）意外风险及不可预见因素索赔

因人力不可抗拒的自然灾害、特殊风险以及一个有经验的承包人没能合理预见的不利施工条件或客观障碍等引起的索赔。

（6）其他索赔

因货币贬值、汇率变化、物价和工资上涨、政策法令变化等其他原因引起的索赔。

5. 按索赔处理方式分类

（1）单项索赔

单项索赔，即一事一索赔的方式，在每一件索赔事项发生后，报送索赔通知书，编写索赔报告，要求单向解决并支付，不与其他索赔事项混在一起处理。

单项索赔一般原因单一、责任单一，分析起来较容易，涉及金额一般较小，双方容易达成协议，因此合同双方应尽可能采用这种方式来处理索赔。

（2）综合索赔

综合索赔，又称一揽子索赔，即对整个工程项目（或某项工程）中所发生的多起索赔事项综合在一起进行索赔。一般在竣工前或工程移交前，承包人将工程实施过程中因各种原因未能及时解决的单项索赔集中起来综合考虑，提出一份综合索赔报告，由合同双方在工程交付前后进行最终谈判，以一揽子方案解决索赔问题。

实际运用中，综合索赔因为影响因素比较复杂且相互交叉，责任分析和索赔值计算较困难，索赔涉及的金额往往较大，双方都不愿或不容易作出让步，使索赔的谈判与处理难度都很困难，所以综合索赔相对于单项索赔，成功率较低。

二、索赔的依据和证据

1. 索赔的依据

索赔的依据主要有合同文件、法律法规和工程建设惯例，主要是双方签订的工程合同文件。由于不同的工程项目有不同的合同文件，涉及索赔的依据也就不完全相同，合同当事人的索赔权利也不同。

我国《建设工程施工合同（示范文本）》（GF—2017－0201）和国际咨询工程师联合会 FIDIC 的《FIDIC 施工合同条件》（1999 年第一版）中分别列出了第 34 条和第 42 条承包商可以引用的索赔条款，作为参考。

2. 索赔的证据

索赔证据是由当事人用来支持其索赔成立或与索赔有关的证明文件及资料。索赔证据作为索赔文件的重要组成部分，很大程度上关系到索赔的成功与否。

索赔证据应该具有真实性、及时性、全面性、关联性和有效性的基本要求。

常使用的索赔证据主要有：

① 各种合同文件，包括施工合同协议书及其附件、中标通知书、投标书、标准和技术规范、图纸、工程量清单、工程报价单或预算书、技术资料和要求、施工过程中的补充协议等。

② 经发包人或工程师批准的承包人的施工进度计划、施工方案、施工组织计划以及现场实施情况记录。

③ 施工日记和现场记录。

④ 工程有关照片和视频资料。

⑤ 对工程师或业主的口头指示和电话应随时用书面记录的形式形成备忘录，并给予书面确认。

⑥ 发包人或工程师签认的签证。

⑦ 工程各种往来函件、通知、答复等。

⑧ 工程各项会议纪要。

⑨ 发包人或工程师发布的各种书面指令和确认书，以及承包人的要求、请求、通知书等。

⑩ 投标前发包人提供的参考资料和现场资料。

⑪ 各种验收报告和技术鉴定。

⑫ 工程核算资料、财务报告、财务凭证等。

⑬ 气象报告或指令，如有关温度、风力、雨雪的资料。

⑭ 其他，如官方发布的物价指数、汇率、规定等。

3. 索赔成立的前提条件

索赔的成立，应该同时具备以下前提条件：

① 与合同对照，事件已经造成了承包人工程项目成本的额外支出或直接工期损失。

② 造成费用增加和工期损失的原因，按合同约定不属于承包人的行为责任或风险责任。

③ 承包人按规定的时间和程序提交索赔意向通知书和索赔报告。

4. 构成施工项目索赔条件的事件

索赔事件也被称为“干扰事件”，是指那些使实际情况与合同规定不符，最终引起工期和费用变化的各类事件。通常承包商可以提起索赔的事件有：

① 发包人违反合同给承包人造成时间、费用的损失。

② 因工程变更造成时间、费用的损失。

③ 由于监理人对合同文件的歧义解释、技术资料不准确，或由于不可抗力导致施工条件改变，造成时间、费用的增加。

④ 由发包人提出提前完成项目或缩短工期而造成承包人费用的增加。

⑤ 发包人延误支付期限造成承包人损失。

⑥ 合同规定以外非承包人的原因导致项目缺陷的修复所发生的损失和费用。

⑦ 非承包人原因导致工程停工或暂时停工。

⑧ 物价上涨、法规变化等其他原因。

三、合同索赔的程序

在工程施工中，承包人向发包人索赔、发包人向承包人索赔以及分包人向承包人索赔等各种情况都有可能发生。以下根据《建设工程施工合同（示范文本）》(GF—2017-0201)中的通用合同条款，着重阐明承包人向发包人索赔的一般程序，以及索赔的主要内容。

1. 承包人向发包人索赔的一般程序

承包人向发包人索赔的一般程序，如图 2－2 所示。

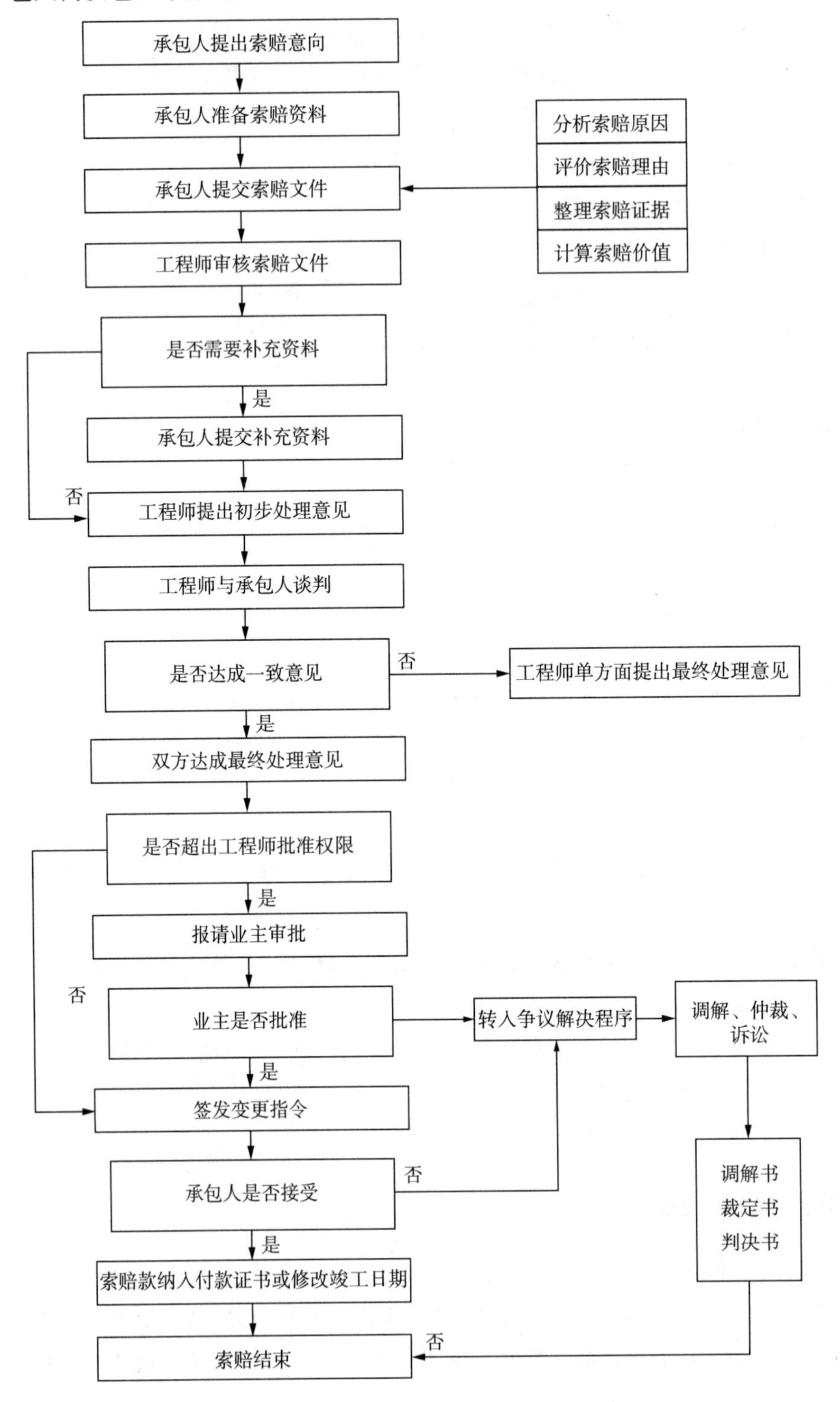

图 2－2　索赔的一般程序

2. 索赔文件的编制

（1）索赔意向通知

索赔程序的第一步需在合同规定的时间内，将索赔意向以书面的形式及时通知发包人或工程师（监理人），表明索赔愿望、要求或声明保留的权利。索赔意向通知仅表明索赔意向，尽量简明扼要涉及索赔内容，而不涉及索赔金额。一般包含四个方面内容：

① 索赔事件发生的时间、地点和简要事实情况描述。

② 索赔事件的发展动态。

③ 索赔依据和理由。

④ 对工程成本和工期产生的不利影响。

（2）索赔文件的主要内容

索赔文件一般分为总述、论证、索赔款项（或工期）计算以及证据四部分。

① 总述部分简要叙述索赔事件发生的时间和过程，承包人为该索赔事件付出的努力和额外增加的开支，以及承包人的具体索赔要求。

② 论证部分其目的是说明自己有索赔权，这是索赔能否成立的关键。

③ 计算部分是解决能得到多少款项（或工期）的问题，属于定量。

④ 证据部分是为了提高索赔事项的可信度，对重要的证据资料最好附以文字说明或确认件。

索赔文件的一般格式可见表 2－2 所列。

表 2－2　索赔文件的一般格式

序　号	索赔文件组成	索赔文件包含的内容	要　求
1	题　目	关于×××（事件）的索赔	简要准确地概括索赔的中心内容
2	事　件	详细叙述事件过程，双方信件交往、会谈，并指出对方如何违约，以及证据的编号等	主要描述事件发生的工程部位、时间、原因和经过，影响的范围，承包人当时采取的防止事件扩大的措施，事件持续时间，承包人已经向业主或工程师报告的次数及日期，最终结束影响的时间，事件处置过程中的有关主要人员办理的有关事项等
3	理　由	主要是通过相关法律依据与合同条款的规定来说明索赔理由	要合理引用法律和合同相关条文、条款的规定，建立事实与损失之间的因果关系，说明索赔的合理性和合法性
4	结　论	指出事件造成的损失或损害及其大小、严重性	只需列举各项明细数字及汇总数据即可

（续表）

序　号	索赔文件组成	索赔文件包含的内容	要　求
5	详细计算书	包括损失估价和延期估算两部分	应列出损失费用和工期延长的计算基础、计算方法、计算公式，以及详细的计算过程及计算结果
6	附　件	列举各种已编号的证明文件和证据、图表	仅指索赔文件中所列举事实、理由、影响等各种相关的已编号的证明文件和证据、图表

（3）索赔文件的提交时限

提出索赔一方应在合同规定的时限内向对方提交正式的书面索赔文件。《建设工程施工合同（示范文本）》（GF—2017－0201）规定：承包人必须在发出索赔意向通知书后的28天内或经过工程师（监理人）同意的其他合理时间内向工程师（监理人）提交索赔文件和有关资料。如果干扰事件对工程的影响持续时间较长，承包人则应按工程师（监理人）要求的合理间隔（一般为28天）提交中间索赔报告，并在干扰事件影响结束后的28天内提交一份最终索赔报告，否则将失去该事件请求补偿的索赔权利。

（4）索赔文件的审核

工程师（监理人）对承包人的索赔要求进行审核和质疑，主要围绕以下几个方面进行：

① 索赔事件是属于业主、工程师（监理人）的责任，还是第三方责任。

② 事实和合同依据是否充分。

③ 承包人是否采取了适当措施避免或减小了损失。

④ 是否需要补充证据。

⑤ 索赔计算是否正确、合理。

（5）承包人提出索赔的期限

① 承包人按合同约定接收了竣工付款证书后，应被认定已无权再提出在合同工程接收证书颁发前所发生的任何索赔。

② 承包人按合同约定提交的最终结清申请单中，只限于提出工程接收证书颁发后发生的索赔，提出索赔的期限自接收最终结清证书时终止。

3. 反索赔的基本内容

反索赔的工作：防止对方提出索赔，反击或反驳对方的索赔要求。

要成功防止对方提出索赔，首先是自己要严格履行合同规定的各项义务，防止自己违约，并通过加强合同管理，使对方找不到提出索赔的理由和依据。如果在工程实施过程中确实发生了干扰事件，则应立即着手研究和分析合同依据、收集证据，为提出索赔和反索赔做好两手准备。

（1）反索赔的措施

反击、反驳对方的索赔要求，可以采取多种措施，一般来讲，常用的措施有以下几种：

① 抓对方的失误，直接向对方提出索赔，以抗衡和平衡对方的索赔要求。

② 仔细研究分析对方的索赔报告，找出理由和证据证明对方索赔要求和索赔报告不符合实际情况和合同规定，反击对方的不合理索赔要求，推卸或减轻己方的责任。

（2）对反索赔报告的反击或反驳要点

① 索赔要求或索赔报告的时限性。

② 索赔事件的真实性。

③ 干扰事件的原因、责任分析。

④ 索赔理由分析。

⑤ 索赔证据分析。

⑥ 索赔值审核。

练习与思考

一、单项选择题

1. 建筑装饰工程施工任务委托的模式反映了工程项目发包方与承包方之间、承包方与分包方之间的________。

A. 合同关系　　B. 委托关系

C. 合作关系　　D. 代理关系

2. 甲公司是某建筑装饰工程项目的施工总承包管理单位，乙公司是该项目的分包单位，以下表述中正确的是________。

A. 一般情况下，乙公司的分包合同应与甲公司签订

B. 如甲公司认为乙公司没有能力完成分包任务，但业主不同意更换乙公司，则甲公司应认可该分包单位

C. 甲公司只能收取总承包管理费，不挣总包与分包之间的差价

D. 甲公司负责分包公司的合同管理与协调工作，对项目目标控制不承担责任

3. 某装饰工程项目施工承包人按合同要求向监理人提交了工程进度计划，并根据监理人的意见对工程进度计划进行了修改，监理人对修改后的施工进度计划予以确认。在施工过程中，发现由于施工进度计划安排不善导致人员出现窝工的情况，由此产生的后果由________承担。

A. 发包人与承包人共同　　B. 监理人

C. 发包人　　D. 承包人

4. 对于业主而言，采用固定总价合同形式发包工程，比较有利于业主控制________。

A. 进度

B. 投资

C. 质量

D. 纠纷

5. 以成本加酬金形式发包的工程项目，若其施工图纸不能事先完成，在不增加成本的前提下，承包商可以通过________缩短工期。

A. 加快进度

B. 分段施工

C. 增加人工

D. 增加设备

6. 承包人提出的合理化建议降低了该工程项目的合同价格，缩短了工期或提高了该工程经济效益的，发包人________给予承包人奖励。

A. 可在通用条款中确定

B. 可按国家有关规定在专用合同条款中规定

C. 可按承包人提出的有关方案

D. 必须

7. 某装饰工程项目，由于业主对于相关设计修改迟迟拿不定主意，致使一项工作拖期3天完工，由于该工作有3天的自由时差，根据索赔成立应该具备的前提条件，承包商 ________。

A. 应向业主提交索赔报告

B. 应向业主提出费用索赔

C. 应向业主提出工期索赔

D. 不应向业主提出工期索赔

8. 某装饰工程公司承揽的某装饰工程项目，合同约定于2020年6月1日开工、2020年9月30日交工。由于工期较紧，该公司提前半个月进场并做好施工准备。但由于主体建筑工程拖延完成，装饰工程不能按期开工，直到2020年9月1日才具备装饰工程开工的条件，在等待开工的过程中，该公司向业主方开出了索赔意向书。为了不失去索赔权利，该公司应在________提交最终索赔报告。

A. 2020年9月1日前

B. 2020年9月28日前

C. 2020年9月30日前

D. 2020年9月30日后

二、多项选择题

1. 与施工总承包模式相比，平行承发包模式的优点有________。

A. 符合质量控制上的“他人控制”原则，对业主的质量控制有利

B. 以施工图设计为基础招标，投标人进行投标报价较有依据

C. 可以实现边设计边施工，缩短建设周期

D. 平行承发包的工作程序比施工总承包模式更为简单

E. 业主在合同管理和组织协调方面的工作量较小

2. 施工总承包模式的特点有________。

A. 适用于大型项目和建设周期紧迫的项目

B. 业主对施工总承包单位的依赖性较大

C. 业主要负责所有承包单位的管理及组织协调，工作量较大

D. 一般要等施工图设计全部结束后才能进行施工总承包的招标

E. 在开工前就有较明确的合同价，有利于业主对总造价的早期控制

3. 某装饰工程项目施工中，监理人发现由于承包人部分施工人员进场时间延后，实际进度与经过确认的合同进度计划不符，承包人按照监理人的要求对工程进度计划进行了修改，监理人对修改后的计划进行了确认。针对这一事件，以下说法正确的有________。

A. 承包人无权就改进措施追加合同价款

B. 承包人可就改进措施要求追加合同价款

C. 所有的后果都应由承包人自行承担

D. 监理人应对改进措施的效果负责

E. 监理人不对改进措施的效果负责

4. 如果发包人以单价合同的形式发包工程项目，对于该类合同，在具体的运用中________。

A. 投保报价时，人们常常注重合同的单价

B. 投保报价时，人们常常注重合同总价格

C. 施工过程的工程款结算时，以合同单价优先

D. 实际支付时根据招投标时确定的合同总价为依据

E. 当工程量发生变化，可以以合同单价为准调整总价

5. 合同双方可以约定，在________的条件下可对合同价款进行调整。

A. 法律、法规和政策变化

B. 工程造价管理部门公布的价格调整

C. 一周内由于非承包商原因导致停水、电、气造成停工累计超过 8 小时

D. 超出合同约定的风险范围的材料价格上涨

E. 双方约定的其他因素

6. 根据合同实施偏差分析处理的结果，承包商应该采取相应的调整措施，包括________。

A. 组织措施　　B. 经济措施

C. 技术措施　　D. 合同措施

E. 法律措施

7. 承包人可以提出索赔的事件通常有________。

A. 发包人违反合同给承包人造成的时间、费用损失

B. 因工程变更造成的时间、费用损失

C. 发包人提出提前完成工程项目或缩短工期而造成承包人的费用增加

D. 发包人延误支付期限造成承包人的损失

E. 贷款利率上调造成贷款利息的增加

三、案例分析题

1. 某装饰公司为某商务楼装饰工程项目的施工方，某监理公司为该工程监理人。在履行合同过程中，因设计原因发生了工程变更。监理公司根据合同约定情形的范围和内容，向装饰公司发出变更意向书，要求承包人提交工程变更实施方案。此外，因变更引起价格调整，但已标价工程量清单中无适用或类似子目的单价，专用合同条款也未另有约定。

问题分析：

监理公司如何确定变更工作的单价？

2. 某发包人与某总承包人签订了施工总承包合同。同时，发包人又与某门窗施工单位签订了该工程的门窗施工合同；总承包人经发包人同意后，与有资质的幕墙施工单位签订了幕墙分包合同。结构施工完成后，由于发包人装饰材料迟迟不能明确，导致总承包人现场停工 30 天。随后，总承包人以书面形式向发包人提交了费用索赔及工期索赔函件。

问题分析：

(1) 发包人与门窗施工单位签订施工合同是否妥当？请说明理由。

(2) 总承包人与幕墙施工单位签订施工合同是否妥当？请说明理由。

(3) 总承包人的费用索赔及工期索赔函件是否成立？请说明理由。

第三章　建筑装饰工程施工组织设计

第一节　建筑装饰工程施工组织设计概论

一、施工组织设计

施工组织设计是用以指导施工组织与管理、施工准备与实施、施工控制与协调、资源的配置与使用等全面性的技术、经济文件，是对施工活动的全过程进行科学管理的重要手段。通过编制施工组织设计，运用统筹的基本原理和方法，利用先进的施工技术，预见性地规划和部署施工生产活动，制定科学合理的施工方案和技术组织措施，对整个工程进行全面规划，从而有计划、有秩序地均衡生产，优质高效地完成工程。在投标阶段，施工组织设计通常被称为“技术标”，但它不仅包含了技术方面的内容，也涵盖了施工管理和造价控制方面的内容。

施工组织设计中的“设计”二字不同于“建筑设计”“室内设计”中的“设计”，前者带有规划、计划、部署的意义。施工组织设计是我国在工程建设领域长期沿用下来的一个习惯性名称，国外则一般将其称为“施工计划”或“工程项目管理计划”。

1. 施工组织设计的内容

施工组织计划应根据不同工程本身的特点以及各种施工条件来编制。其基本内容应包括编制依据、工程概况、施工部署、施工进度计划、施工准备与资源配置计划、主要施工方案、施工现场平面布置及主要施工管理计划等。

实际工程中，可根据具体情况对施工组织计划的内容进行添加或删减。

2. 施工组织设计的作用

施工组织计划的编制是施工前的必要准备工作之一，是合理组织施工和加强施工管理的一项重要措施，对保质、保量、按时完成整个工程任务来讲具有决定性的作用。其作用的主要表现有：

① 是沟通设计和施工的桥梁，也可用来衡量设计方案的可行性。

② 对工程从施工准备到竣工验收全过程起战略部署和战术安排的作用。

③ 是施工准备工作的重要组成部分，对及时做好各项施工准备工作起到促进作用。

④ 是编制施工预算和施工计划的主要依据。

⑤ 是对施工过程进行科学管理的重要手段。

⑥ 是施工企业进行经济技术管理的重要组成部分。

3. 施工组织设计的分类

施工组织设计按编制对象可分为施工组织总设计、单位工程施工组织设计和施工方案。施工组织总设计是以若干单位工程组成的群体工程或特大型项目为主要对象编制的施工组织设计，对整个施工项目和施工过程起统筹规划、重点控制的作用；单位工程施工组织设计是以单位（子单位）工程为主要对象编制的施工组织设计，对单位（子单位）工程施工过程起指导和制约作用；施工方案则是以分部分项工程或专项工程为主要对象编制的施工技术与组织方案，具体指导其施工过程。

施工组织计划按编制阶段的不同可分为投标阶段施工组织计划和实施阶段施工组织计划。前者强调要符合招标文件要求，以中标为目的；后者则强调可操作性，并鼓励技术创新。

二、建筑装饰工程的施工程序

建筑装饰工程施工程序是指在整个建筑装饰工程施工过程中必须遵循的先后顺序，一般可划分为承接任务阶段、计划准备阶段、全面施工阶段、竣工验收阶段和交付使用阶段。大中型建筑装饰工程项目程序较复杂，而小型项目可相对简单。

通常建筑装饰工程施工程序如图 3－1 所示。

三、建筑装饰工程施工的特点

1. 建筑装饰产品

建筑装饰产品是附着在建筑物上通过装饰装修等手段获得的产品，与一般工业产品相比，具有特殊的技术经济特点，主要体现在产品本身及其施工过程中。建筑装饰产品具有各不相同的性质、设计、类型、规格、档次、使用需要，而且还具备以下特点：

① 固定性。建筑装饰产品是建造在建筑物上的，具有一经建造就在空间固定的属性，无法进行移动。

② 时间性。虽然建筑装饰产品要求有一定的耐久性，但不要求与建筑主体结构本身寿命一样长。一方面建筑装饰风格会随着时间推移而有所更新，另一方面建筑装饰产品本身材料及构造属性也使得其难以长时间保持。

③ 多样性。随建筑设计、建筑结构、装饰设计、装饰材料运用等因素的不同会产生多样化的建筑装饰产品。

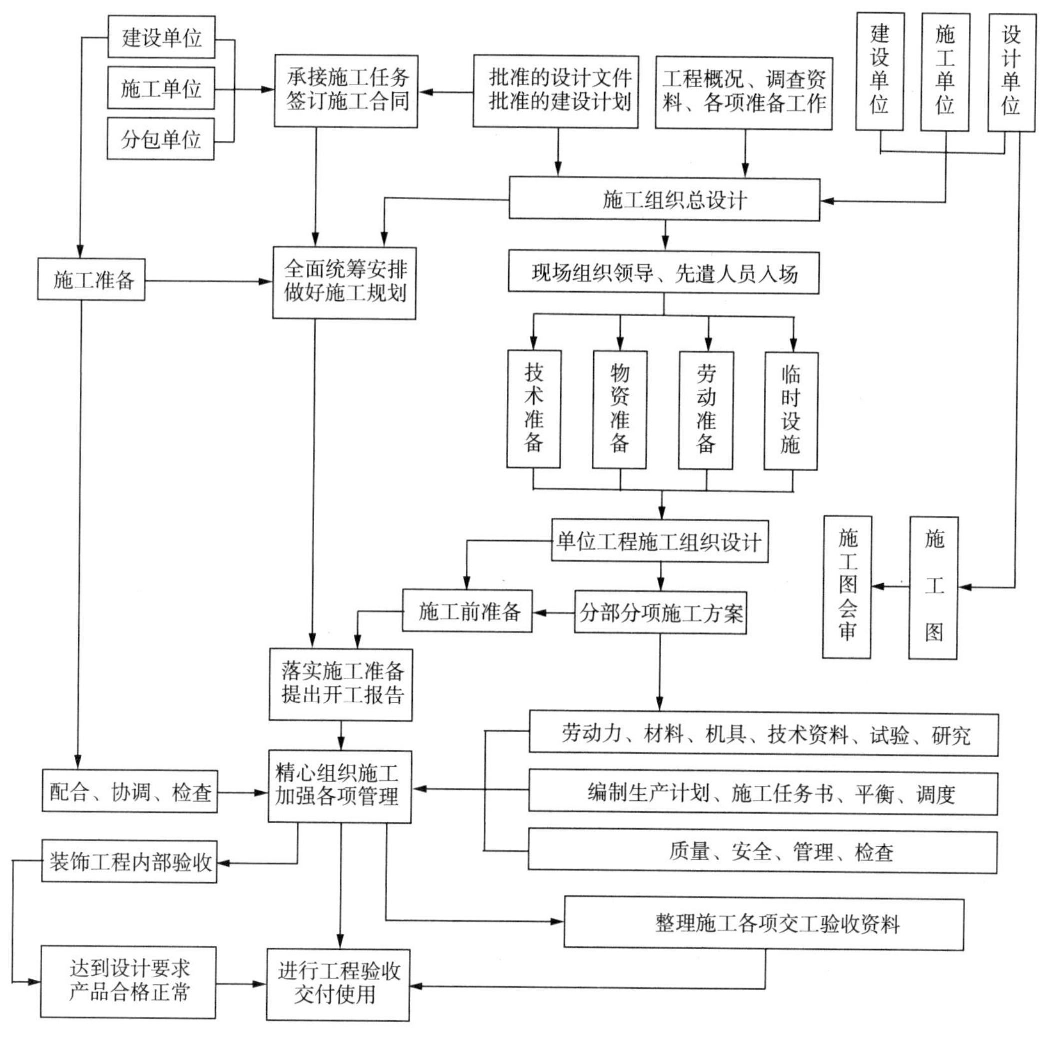

图 3－1　建筑装饰工程施工程序

④ 唯一性。对于每一个建筑空间来讲，建筑装饰产品是独一无二的，无法像工业产品那样批量生产；人们对建筑装饰产品个性化的需求也决定了建筑装饰产品必须具有唯一的属性。

⑤ 双重性。建筑装饰产品不仅可以美化建筑空间，还可以改善建筑室内外空间环境；同时，也对建筑物主体结构起保护作用，能防止直接损害，还能延长使用年限。

2. 建筑装饰工程及施工生产的特点

（1）建筑装饰工程的固定性

建筑装饰工程是建筑工程的有机组成部分，是建筑施工的延续与深化。每一个项目都固定在指定的建筑物上，并且必须以保护建筑主体结构及安全实用为基本原则，进而通过装饰造型、装饰饰面以及设备装配等工艺操作达到既定目标，因此具有固定性的特点。

（2）建筑装饰工程施工的规范性

建筑装饰工程是一种必须依靠合格的材料与构配件等通过规范的构造做法，并由建筑主体结构予以稳固支承的建设工程。所以，建筑装饰工程施工的一切工艺操作、工序处理、质量检查验收都应符合国家颁布的有关施工及验收规范，所使用的材料、设备和构配件都应符合相应的国家标准或行业标准。

（3）建筑装饰工程施工的专业性

建筑装饰工程施工一般工程量大、施工工期长、耗用劳动量多、占建筑物总造价比例高，是一种十分复杂的生产活动。因此，在建筑装饰工程施工的各个环节，都要保证其施工实施及管理的专业性，从业人员必须是经过专业技术培训并接受过职业道德教育的持证上岗人员，具备相应的专业技能。

（4）建筑装饰工程施工的严肃性

建筑装饰工程很多项目与使用者的生活、工作、日常活动直接相关联，许多操作工艺处于隐蔽部位而对工程质量起着关键作用。这就要求从业人员必须严肃对待施工工作，具备及时发现问题、解决问题的能力，具有严格执行国家政策和法规的强烈意识，能切实保障建筑装饰工程施工的质量和安全。

（5）建筑装饰工程施工的技术经济性

在建筑工程中，建筑主体、安装工程、装饰工程所占费用比例一般为3∶3∶4，很多高级建筑装饰工程费用可以占到总投资的一半以上，随着技术的进步，新材料、新工艺、新设备不断被运用到建筑装饰工程中，造价会更高。因此对建筑装饰工程技术经济性的考虑成为重要考量。

（6）建筑装饰工程施工的一次性

建筑装饰工程项目施工是不可逆的且投资较大，一旦出现问题和失误就会造成严重的经济损失。

（7）建筑装饰工程生产的预约性

建筑装饰产品不像工业产品那样先生产后交易，只能在施工现场根据预定条件进行生产。因此，需要选择设计、施工单位，通过招投标手续定约、成交，成为建筑业物质生产的一种特有方式。

3. 建筑装饰工程施工与组织的相关性

建筑装饰工程施工一般在有限的空间内进行，作业场地相对狭小，施工工期相对较长，工序繁多，工序之间需要平行、交叉、轮流作业，材料、设备需要频繁搬运等，增加了施工组织的难度。必须依靠具备专业知识和经验的组织管理人员，以施工组织设计为指导性文件和切实可行的科学管理方案，对工程施工和工艺检验、质量标准进行严格控制，随时调度指挥，使建筑装饰工程有组织、有计划地顺利进行。

四、建筑装饰工程施工准备工作

建筑装饰工程施工准备工作是指施工前从组织、技术、资金、劳动力、物资、生活等方面，为了保证施工顺利进行，事先要做好各项工作。它是工程施工程序中的重要环节，不但存在于开工前，还贯穿于整个施工过程中。

1. 建筑装饰工程施工准备工作的意义

建筑装饰工程不但具有一般建筑工程的特点，还具有工期短、质量严、工序多、材料品种复杂、与其他专业交叉多等特点。而前期全面细致地做好施工准备工作，对调动各方面积极因素，按施工程序合理组织人力、物力，加快施工进度，降低施工风险，提高工程质量，节约材料和资金，提高经济效益等都会起到积极的作用。因此，严格遵守施工程序，按客观规律组织施工，做好各项施工准备工作，是施工顺利进行和工程圆满完成的重要保证。

2. 建筑装饰工程施工准备工作的任务

建筑装饰施工准备工作的主要任务：掌握工程的特点、技术和进度要求，了解施工的客观规律，合理安排、布置施工力量，充分及时地从人力、物力、技术、组织等方面为施工的顺利进行创造必要的条件。

3. 建筑装饰工程施工准备工作的要求

① 注重与所涉及单位的相互配合。

② 有计划、有组织、有步骤地分阶段进行。

③ 建立相应的检查制度。

④ 建立严格的责任制。

⑤ 执行开工报告、审批制度。

建筑装饰工程的开工是在施工准备工作完成后，具备了开工条件，项目经理提交开工报告，经申请上级批准，才能执行。实行建设监理的工程，开工报告还需报送监理人审批，由监理人签发开工通知单，在限定时间内开工，不得拖延。

4. 建筑装饰工程施工准备工作的分类

（1）按准备工作的范围分类

① 全场性的施工准备工作。以整个建筑装饰工程群为对象进行的各种施工准备工作，其目的、内容都是为全场性施工服务的，如全场性的仓库、水电管线等。

② 单位工程施工条件准备。以一个建筑装饰单位工程为对象进行的各种施工条件准备工作，其目的、内容都是为一个单位工程服务的，如单位工程的材料、施工机具、劳动力准备工作等。

③ 分部分项工程施工作业条件准备。以建筑装饰分部分项工程为对象进行的各种施工作业条件准备工作，其目的、内容都是为分部分项工程施工服务的，如分部分项工程施工技术交底、工作面条件、施工机具、劳动力安排等准备工作。

（2）按工程所处施工阶段分类

① 开工前的施工准备工作。在拟建建筑装饰工程正式开工前进行的施工准备工作，其目的是为拟建建筑装饰工程正式开工创造必要的施工条件。

② 开工后的施工准备工作。在拟建建筑装饰工程正式开工后进行的施工准备工作，其目的是为拟建建筑装饰工程顺利进行创造必要的施工条件。

5. 建筑装饰工程施工准备工作的内容

建筑装饰工程施工准备工作主要包括技术准备和施工条件与物资准备。前者一般来讲，有熟悉和审查图纸、收集资料、编制施工组织设计、编制施工预算等内容，后者则是为建筑装饰工程全面施工创造良好的施工条件和物资保障。

五、建筑装饰工程组织施工的原则

在组织建筑装饰工程施工和编制施工组织设计时，应遵循以下原则：

① 认真贯彻执行党和国家的方针政策及严格遵守相关法律法规。

② 严格遵守合同规定的开工、竣工时间。

③ 施工程序和施工顺序要安排合理。

④ 采用先进施工技术，科学地确定施工方案。

⑤ 采用网络计划技术和流水施工方法安排进度计划。

⑥ 合理布置施工平面图，减少施工用地。

⑦ 提高建筑装饰工程工业化程度。

⑧ 充分合理地利用机械设备。

⑨ 尽量降低工程成本，提高经济效益。

⑩ 严把安全关和质量关。

六、建筑装饰工程组织施工的图形表达方式

建筑装饰工程组织施工时，通常运用图形表格来表达施工进度，因为能比较直观形象地表达施工进度，也被称为“工程形象进度表”。常见的图形表达方式有横道图表和垂直图表两种，见表 3－1、表 3－2 所列，其中横道图表较为常用。

表 3－1 横道图表

施工过程	施工进度（天）																	
	1	2	3	4	5	6	7	8	9	10	11	12	13	14	15	16	17	18
A																		
B																		
C																		
D																		

在横道图表中，左边垂直方向列出各施工过程名称，右边用水平线段表示施工的进度；水平线段左端点表示在该施工段上工作开始的瞬间，右端点表示在该施工段上工作结束的瞬间，水平线长度表示在该施工段上的工作持续时间。

表 3-2　垂直图表

施工段	施工进度（天）																	
	1	2	3	4	5	6	7	8	9	10	11	12	13	14	15	16	17	18
4																		
3			A				B				C				D			
2																		
1																		

在垂直图表中，左边垂直方向列出各施工段名称，水平方向表示施工的进度，各条斜线代表各个施工的过程；斜线左下端点表示该施工工程开始的瞬间，右上端点表示该施工过程结束的瞬间。

练习与思考

一、单项选择题

1. 先期需要的施工材料物资和施工机械设备已经按照施工组织的要求进场，属于________的质量预控。

A. 全面施工准备　　B. 分部分项工程施工作业准备

C. 冬、雨季等季节性施工准备　　D. 施工作业技术活动

2. 对某综合楼装饰工程项目实施阶段的总进度目标进行控制的主体是________。

A. 设计单位　　B. 施工单位

C. 建设单位　　D. 监理单位

3. 如果施工单位编写施工组织设计的范围由招标文件中的发包范围来界定，则该施工组织设计应该是在________编写的。

A. 工程施工阶段　　B. 工程投标阶段

C. 工程设计阶段　　D. 施工准备阶段

二、多项选择题

1. 关于在工程开工前所进行的施工组织设计，以下说法正确的是________。

A. 是投标阶段施工组织设计的进一步深化

B. 其范围由招标文件中的发包范围界定

C. 目的在于适应投标竞争，获得中标承包权

D. 其范围由施工合同界定

E. 应能满足指导现场施工、进行施工管理目标控制的需要

2. 以下属于装饰子分部工程的有________。

A. 吊顶工程　　B. 饰面工程

C. 主体工程　　D. 门窗工程

E. 涂饰工程

3. 从质量验收的角度看，以下________属于建设项目的组成部分。

A. 单项工程　　B. 单位工程

C. 分部工程　　D. 分项工程

E. 子分部工程

三、判断题

1. 装饰工程中的裱糊和软包属于单位工程。（　　）

2. 建筑装饰产品要求与建筑主体结构的寿命一样长。（　　）

3. 建筑装饰工程施工准备工作不仅存在于开工前，还贯穿于整个施工工程中。（　　）

4. 建筑装饰工程包括9个子分部工程。（　　）

第二节　建筑装饰工程组织施工方式及流水施工

一、组织施工的方式

所有建筑装饰工程施工可以分解为许多施工过程，每一个施工过程又可以有一个或多个专业或混合的班组负责施工。每个施工过程中都包括各种资源的调配问题，其中最基本的是劳动力组织和安排问题。劳动力组织安排不同，则施工方法也不同。一般来讲，组织施工可以采取依次施工、平行施工和流水施工三种方式。

1. 依次施工

依次施工也被称为“顺序施工”，是指各施工工段或各施工过程依次开工、依次完工的一种组织施工方式。依次施工包括按施工过程依次施工和按施工段依次施工两种类型。

（1）按施工过程依次施工

优点是单位时间内投入的劳动力和各项物资较少，施工不受干扰，施工现场管理简单，施工班组能连续均衡地工作，工人不存在窝工情况；缺点是工作面不能充分利用，工期较长。

(2) 按施工段依次施工

优点是单位时间内投入的劳动力和各项物资较少，施工不受干扰，施工现场管理简单，工作面利用充分，不存在间歇时间；缺点是施工班组不能连续均衡地施工，工人存在窝工情况。

综上所述，依次施工只适合于规模较小、工作面有限的小型建筑装饰工程。

2. 平行施工

平行施工是指所有施工过程的各个施工段同时开工、同时结束的一种组织施工方式。

平行施工的优点是各施工过程工作面利用充分，工期短；缺点包括施工班组和相应机具设备成倍增加，材料供应集中，临时设施设备较多，造成组织安排和施工现场管理困难，增加施工管理费用，同时施工班组存在窝工的可能性。

平行施工一般适用于工期要求紧，大规模同类型建筑群或分批分期进行施工的建筑装饰工程。

3. 流水施工

流水施工是利用工业上流水作业的原理在建筑工程施工中的具体应用，是将拟建工程按其特点和结构部位划分为若干个施工段，根据规定的施工顺序，组织各施工班组，依次连续地在各施工段上完成自己的工序，使施工可以有节奏地进行。流水施工所有的过程均按一定的时间间隔投入，各个施工过程陆续开工、竣工，使同一施工过程的施工班组保持连续均衡地施工，不同施工过程尽可能平行搭接施工。

流水施工综合了依次施工和平行施工的优点，是一种比较科学的组织施工方法，并在建筑装饰工程实际施工组织中被广泛采用。它具备以下几个特点：

① 流水施工中各施工过程的施工班组都尽可能连续均衡地施工，且各班组专业化程度较高，不仅提高了工人的技术水平和熟练程度，而且有利于提高施工企业管理水平和经济效益。

② 流水施工能最大限度地利用工作面，在不增加劳动力投入的情况下，合理缩短了工期。

③ 流水施工既有利于施工机械、机具、设备的充分利用，又有利于物资资源的均衡利用，便于施工现场管理。

④ 流水施工工期较为合理。

二、流水施工

1. 流水施工基本概念的引申

典型的流水施工进度计划横道图表见表 3 - 3 所列。

表 3－3　全面连续流水施工组织计划

施工过程	班组人数	施工进度（周）																	
		1	2	3	4	5	6	7	8	9	10	11	12	13	14	15	16	17	18
吊顶工程	15	▬	▬	▬	▬	▬	▬	▬	▬	▬	▬								
涂饰工程	25									▬	▬	▬							
地面工程	18										▬	▬	▬	▬	▬	▬	▬		
细部工程	8													▬	▬	▬	▬	▬	▬

在工期要求紧张的情况下，可以在主导工序连续均衡施工的前提下，间断安排某些次要工序的施工，从而达到缩短工期的目的。其横道图表见表 3－4 所列。

需要注意的是，安排次要工序的间断施工要能带来工期缩短的经济效益，否则不安排间断施工。表 3－4 所列与表 3－3 所列相比，施工进度缩短了工期。

表 3－4　部分间断流水施工施工组织计划

施工过程	班组人数	施工进度（周）															
		1	2	3	4	5	6	7	8	9	10	11	12	13	14	15	16
吊顶工程	15	▬	▬	▬	▬	▬	▬	▬	▬	▬	▬						
涂饰工程	25						▬			▬			▬				
地面工程	18							▬	▬	▬	▬	▬	▬	▬	▬		
细部工程	8											▬	▬	▬	▬	▬	▬

2. 流水施工的组织要点

① 划分分部分项工程。

② 划分施工段。

③ 每个施工过程组织独立的施工班组。

④ 主要施工过程必须连续、均衡地进行。

⑤ 不同施工过程尽可能组织平行搭接施工。

3. 流水施工的分类

（1）按流水施工的组织范围分类

① 细部流水（分项工程流水）。它指组织一个单一施工过程的流水施工，是组织流水施工中范围最小的，比如建筑装饰工程中安装地弹簧钢化玻璃门的具体操作组织情况。

② 专业流水（分部工程流水）。分部工程中各细部流水的工艺组合，是组织项目流水的基础。

③ 项目流水（单位工程流水）。一个单位工程的流水施工，以各分部工程的专业流水为基础，是各分部工程专业流水的组合。

④ 综合流水（建筑群流水）。组织多幢房屋或构筑物的大型流水施工，是一个进行宏观控制和调配的控制型流水施工的组织方式。

（2）按施工过程的分解程度分类

① 彻底分解流水。将某一个分部工程分解为若干个施工过程，每一个施工过程均为单一工种完成的施工过程，即该过程已经无法继续分解，如刮腻子。

② 局部分解流水。将某一个分部工程按实际情况分解，有的彻底分解，有的则不彻底分解。一般来讲，不彻底分解的施工过程是由混合施工班组来完成的。

（3）按流水施工的节奏特征分类

根据流水施工的节奏（节拍）特征，流水施工可分为有节奏流水和无节奏流水。

流水节拍是指从事某施工班组在一个施工段上完成施工任务所需要的时间，施工过程中若干个流水节拍的不同组合形成流水节奏。有节奏流水是指同一施工过程中以及不同施工过程中在各施工段上的流水节拍都相等。其中，在施工过程中各施工段上的流水节拍都相等的叫“等节奏流水”；同一施工过程中相等但不同施工过程中不相等的则为“异节奏流水”。无节奏流水则是指同一施工过程中在各施工段上的流水节拍都不完全相等的流水施工方式。

4. 选择流水施工方式的基本要求

① 凡是有条件组织等节奏流水施工时，要争取组织，以取得良好的经济效益。

② 如果组织等节奏流水条件不足时，应该考虑组织成倍节拍流水施工，以求取得与等节奏流水相近的效果。

③ 各个分部工程都可以组织等节奏或成倍节拍流水施工，但对于单位工程和整体建设项目必须组织无节奏流水。

④ 标准化或多幢相同建筑物的工程施工，可以组织等节奏流水或异节奏流水。不同类型建筑物组成的建筑群的工程施工，则只能分别组织不同的流水施工方式。

练习与思考

一、选择题

1. 最理想的组织流水施工的方式是________。

A. 等节拍流水　　B. 异节拍流水

C. 无节奏流水　　D. 成倍节奏流水

2. 不属于流水施工时间参数的是________。

A. 流水节拍　　B. 流水步距

C. 工期　　D. 施工段

3. 成倍节拍流水属于________。

A. 等节奏流水　　B. 异节奏流水

C. 无节奏流水　　D. 以上均不是

4. 流水节拍是指________。

A. 某个专业队的施工作业时间

B. 某个专业队在一个施工段上的作业时间

C. 某个专业队在各个施工段上的平均作业时间

D. 两个相邻专业队进入流水作业的时间间隔

5. 流水步距是指________。

A. 相邻两个施工过程进入同一个施工段施工的时间间隔

B. 相邻两个施工过程进入第一个施工段开始施工的时间间隔

C. 任意两个施工过程进入同一个施工段施工的时间间隔

D. 任意两个施工过程进入第一个施工段施工的时间间隔

6. 某施工段油漆工工程量是200平方米，安排施工队人数为25人，每人每天完成0.8平方米的工程量，采用一班制，则该段流水节拍为________。

A. 12天　　B. 10天

C. 8天　　D. 6天

7. 某工程有5个施工过程，4个施工段，则其步距数目为________。

A. 4　　B. 5

C. 6　　D. 3

8. 某装饰抹灰工程某施工段总共需要800工日，要求在30天完成，采用一班制施工，则每天施工人数为________。

A. 25人　　B. 27人

C. 30人　　D. 28人

二、判断题

1. 工艺参数是指某一具体的施工过程。（　）

2. 流水施工的显著特征是所有过程都连续均衡地施工。（　）

3. 组织施工时，当节拍特征为成倍节拍时，就只能组织成倍节拍流水。（　）

4. 划分施工段的目的是加快进度，所以，数目越多，进度越快。（　）

5. 划分施工段的目的是使各施工过程的施工班组能同时在不同工作面上施工。（　）

6. 无节奏流水的各施工过程无法保证连续均衡地施工。（　）

第三节　施工组织设计

一、施工组织计划编制依据和管理

1. 施工组织设计的编制原则

施工组织设计的编制必须遵循工程建设程序，并符合以下原则：

① 符合合同或招标文件中有关工程进度、质量、安全、环境保护、造价等方面的要求。

② 积极开发、使用新工艺、新技术，推广应用新材料、新设备。

③ 坚持科学的施工程序和合理的施工顺序，采用流水施工和网络计划等方法，科学配置资源，合理布置现场，实现均衡施工，达到合理的经济技术指标。

④ 通过管理和技术措施，推广建筑节能及绿色施工。

⑤ 有效结合质量、环境、职业安全健康三个管理体系。

2. 施工组织设计的编制依据

施工组织设计的编制，应以下列内容为主要编制依据：

① 与工程建设有关的法律、法规和文件。

② 国家现行有关标准和技术经济指标，技术经济指标指各地的建筑工程概预算定额和相关规定。

③ 工程所在地区的行政主管部门的批准文件，建设单位对施工的要求。

④ 工程施工合同或招投标文件。

⑤ 工程设计文件。

⑥ 工程施工范围内的施工条件，工程水文地质、气象等自然条件。

⑦ 与工程有关的资源供应情况。

⑧ 施工企业的生产能力、机具设备状况、技术水平等。

3. 施工组织设计的管理

施工组织设计由项目负责人主持编制，其管理应为动态管理，是在项目实施过程中对施工组织设计的执行、检查和修改的适时管理活动。项目施工前，应对施工组织设计逐级交底；项目实施过程中，应对施工组织设计的执行情况进行检查、分析并根据情况适时调整。

项目实施工程中，发生以下情况之一的，施工组织设计应进行及时补充或修改：

① 工程设计有重大修改的。

② 有关法律、法规、规范和标准实施、修订和废止。

③ 主要施工方法有重大调整。

④ 主要施工资源配置有重大调整。

⑤ 施工环境有重大变化。

经过补充或修改的施工组织设计，原则上需经原审批单位重新审批后实施，施工组织设计在工程竣工验收后需归档。

二、单位工程施工组织计划

1. 工程概况

单位工程施工组织计划的工程概况应尽量采用图表进行说明，包括工程主要情况、各专业设计简介以及工程施工条件等。

（1）工程主要情况

① 工程名称、性质和地理位置。

② 工程的建设、勘察、设计、监理和总承包等相关单位情况。

③ 工程承包范围和分包工程范围。

④ 施工合同、招标文件或总承包单位对工程施工的主要要求。

⑤ 其他应说明的情况。

（2）各专业设计简介

① 建筑装饰设计简介应根据建设单位提供的建筑装饰设计文件进行描述，并简单描述工程的主要装修做法。

② 结构设计简介应根据建设单位提供的结构设计文件进行描述，包括结构形式、结构安全等级、抗震设防类别、主要结构构件类型及要求等。

③ 机电及设备安装专业设计简介应根据建设单位提供的相关专业设计文件进行描述，包括给排水及暖通系统、通风与空调系统、电气系统、智能化系统、电梯等各个专业系统的做法要求。

（3）工程施工条件

① 项目建设地点气象状况：简要介绍项目施工地点的气温及雨、雪、风、雷电等气象变化情况，以及高温、冬季、雨期的期限和冬季冻土冻结深度等影响工程施工的情况。

② 项目施工地点区域地形和工程水文地质状况。

③ 项目施工地点区域地上、地下管线及相邻的地上、地下构筑物情况。

④ 与项目施工有关的道路、河流状况。

⑤ 当地材料、设备供应和交通运输等服务能力状况。

⑥ 当地供水、供电、供热和通信状况。

⑦ 其他与施工有关的主要因素。

2. 施工部署

施工部署是对项目实施过程作出的统筹规划和全面安排，包括项目施工主要目标、施工顺序及空间组织、施工组织安排等。在施工部署中，工程施工的主要目标应根据施工合同或招标文件以及本单位对工程管理目标的要求确定，包括进度、质量、安全、环境和成本等目标，各项目标应满足施工组织总计划里确定的总体目标。

施工部署应对工程施工的重点和难点进行分析，包括组织管理和施工技术两个方面。某些重点、难点工程的施工方法可能已通过有关专家论证成为企业公法或施工工艺标准的，可以直接引用。

施工部署应根据工程特点确定工程管理的组织机构形式，并确定项目经理部的岗位设置及其职责划分。对工程施工中开发和使用新工艺、新技术作出部署，对新材料和新设备的推广应用提出管理和技术要求。对主要分包工程施工单位的选择、要求及管理方式进行简要说明。

施工部署中的施工进度安排和空间组织，应符合下列规定：

① 明确说明工程主要施工内容及其进度安排，施工顺序应符合工艺逻辑关系。

② 施工流水段应结合工程具体情况分阶段划分。

③ 应对本单位工程的主要分部分项工程和专项工程的施工作出统筹安排，对施工过程中的节点进行说明。

④ 应根据工程特点及工程量合理划分流失施工段，并应说明划分依据及流水方向，确保流水施工的均衡。

3. 施工进度计划

施工进度计划是为实现项目设定的工期目标，对各项施工过程的施工顺序、起止时间、相互衔接关系所做的统筹策划和安排。施工进度计划是施工部署在时间上的体现，通常可采用网络图或横道图来表示，并附必要的说明。一般建筑装饰工程采用横道图即可。

4. 施工准备和资源配置计划

(1) 施工准备

施工准备包括技术准备、现场准备和资金准备等。

技术准备包括所需技术资料的准备、施工方案编制计划、试验检验及设备调试工作计划，样板制作计划等。主要分部分项工程和专项工程在施工前应单独编制施工方案，且可根据工程进展情况分阶段编制完成。

现场准备应根据现场施工条件和工程实际需要，准备生产、生活的临时设施。

资金准备则应根据施工进度编制资金使用计划。

(2) 资源配置计划

资源配置计划应包括劳动力配置计划和物资配置计划。

劳动力配置计划宜细化到专业工种，包括确定各施工阶段用工量及根据施工进度确定各施工阶段劳动力需要量。

物资配置计划包括：主要工程材料和设备的配置计划；工程施工主要周转材料和设备配置计划。

5. 主要施工方案

主要施工方案应结合工程的具体情况和施工工艺、方法等按照施工顺序进行描述，施工方案的确定要遵循先进性、可行性和经济性兼顾的原则。单位工程应按照《建筑工程施工质量验收统一标准》（GB 50300—2003）中分部分项工程的划分原则，对主要分部分项工程指定施工方案。

6. 施工现场平面布置

单位工程的施工现场平面布置图应参照施工组织总设计中的施工现场平面布置的原则和要求，按不同施工阶段分别绘制。

7. 主要施工管理计划

（1）进度管理计划

保证实现项目施工进度目标的管理计划，主要包括对进度及其偏差进行测量、分析，采取的必要措施和计划变更等。

（2）质量管理计划

保证实现项目施工质量目标的管理计划，主要包括制定、实施、评价、所需的组织机构、职责、程序以及采取的措施和资源配置等。

（3）安全管理计划

保证实现项目施工职业健康安全目标的管理计划，主要包括制定、实施、所需的组织机构、职责、程序以及采取的措施和资源配置等。

（4）环境管理计划

保证实现项目施工环境目标的管理计划，主要包括制定、实施、所需的组织机构、职责、程序以及采取的措施和资源配置等。

（5）成本管理计划

保证实现项目施工成本目标的管理计划，主要包括成本预测、实施、分析、采取的必要措施和计划变更等。

（6）其他管理计划

特殊项目可在前述管理计划的基础上，增加相应的其他管理计划。如绿色施工管理计划、防火安全管理计划、创优质管理计划等。各项管理计划应包括目标、组织机构、资源配置、管理制度和技术以及组织措施等内容。

三、建筑装饰工程施工组织设计

1. 编制依据

① 建筑装饰工程通常是整个单位工程中的一个项目，建筑装饰工程施工组织设计

必须按单位工程施工组织设计所确认的有关内容、各项指标和进度要求进行编制，不得相矛盾。

② 建筑装饰工程施工合同的要求。包括建筑装饰工程的范围和内容，工程开工、竣工日期，工程质量保修期及保养条件，工程造价，工程价款的支付、结算以及交付验收办法，设计文件及概算和技术资料的提交日期，设备和材料的供应及进场期限，双方相互协作事项及违约责任等。

③ 建筑装饰工程施工图样及有关说明。包括全部施工图纸、会审记录和相关设计资料。对于比较复杂的工程，需了解水电、暖通等管线对装饰工程的要求以及设计单位对新材料、新结构、新技术、新工艺的要求。

④ 建筑装饰工程的预算文件及有关定额。应有详细的分部、分项工程量，以及相应的预算定额和施工定额。

⑤ 建筑装饰工程的施工条件。包括自然条件和施工现场条件，自然条件包括大气、温度对装饰材料的理化、老化、干湿温变作用，主导风向、风速、冬季、雨季时间对施工的影响；施工现场条件主要有水电供应条件，劳动力及材料、构配件供应情况，主要施工机具配备情况，现场有无可利用的临时设施等。

⑥ 水、电、暖、卫等专业进场的时间及对建筑装饰工程施工的影响和要求。

⑦ 有关规定、规程、规范、手册等技术资料。

⑧ 业主对工程的意图和要求。

⑨ 有关参考资料及类似工程的施工组织设计实例。

2. 建筑装饰工程施工组织设计的编制程序

建筑装饰工程施工组织设计的编制程序，是指其编制各组成部分的先后顺序及相互之间制约关系的处理。

通常建筑装饰工程施工组织设计的编制程序如图 3-2 所示。

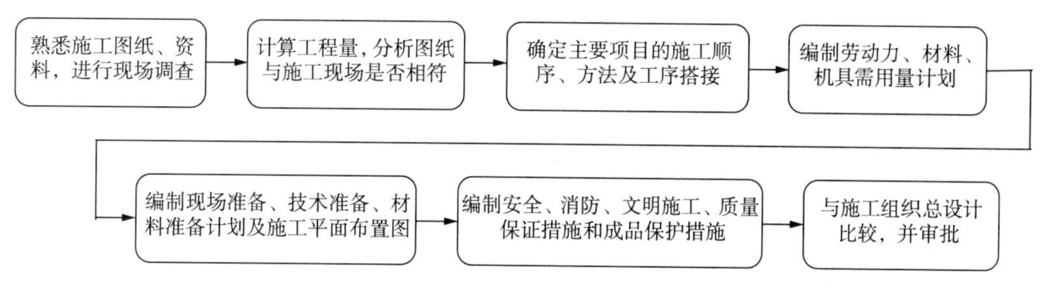

图 3-2　建筑装饰工程施工组织设计的编制程序

3. 建筑装饰工程概况

建筑装饰工程施工组织设计中的工程概况部分，应对拟建建筑装饰工程做一个简明扼要、突出重点的文字介绍，必要的时候可以附图或辅以表格加以说明。主要内容包括以下几个方面：

（1）工程说明

① 概况说明。主要说明拟建建筑装饰工程的建设单位、工程名称、性质、用途，资金来源及工程投资额，开工、竣工日期，设计单位、施工单位、施工图纸情况，施工合同，施工所在建筑物的高度、层数、建筑面积，施工单位承接该装饰工程的范围、装饰标准、主要工作量、主要饰面材料、装饰设计风格，有关部门的相关文件或要求，以及组织施工的指导思想。

② 水、电、暖等专业要求。主要说明给排水、电气、采暖、通风与空调等专业工程对本建筑装饰工程的要求。

（2）建筑地点的特征

对于建筑装饰工程来讲，主要说明本工程所在的层、段。

（3）施工条件

主要说明建筑装饰工程的现场条件、材料成品与半成品、施工机具、运输车辆、劳动力配置和施工单位的技术管理水平，业主提供的现场临时设施情况等。

4. 建筑装饰工程施工方案

（1）施工方案选择的基本要求

选择施工方案必须从实际出发，结合建筑装饰工程施工特点，做好调查研究，掌握主、客观情况，进行综合分析比较。一般应注意以下原则：

① 综合性原则。装饰施工方法要考虑多种因素，经认真分析，才能选定最佳方案，达到提高施工速度与质量以及节约材料的目的，这是综合性原则的实质。

② 耐久性原则。建筑装饰工程并不要求与主体建筑结构的寿命一样长，一般要求维持 3～5 年，部分装饰工程要求年限更长一些。室内外装饰材料的耐久年限与其装饰部位有很大关系，必须在施工中加以注意。一般来讲，影响建筑装饰产品耐久性的主要因素有大气的理化作用，如冻融作用、干湿温变作用、老化作用和盐析作用等；物体冲击、机械磨损的作用，如各种饰面表面会因各种活动而遭到物理破坏等。

③ 可行性原则。包括材料的供应情况（本地、外地）、施工机具的选择、施工条件以及施工的工艺性和经济性都要体现可行性原则。

④ 先进性原则。在施工管理和方法上体现技术和组织上的先进性，如尽可能采用工厂化、机械化施工，确定工艺流程和施工方案时，尽量采用流水施工。

⑤ 经济性原则。施工方案的确定要建立在若干个不同而又可行的方案比较分析基础上，做技术经济比较，选择最佳方案；尽量采用新技术、新工艺，以提高整个工程的经济效益。

(2) 施工方案的选择

建筑装饰工程施工方案的选择主要包括施工方法和施工机具的选择、施工段的划分、施工开展的顺序及流水施工的组织安排。

① 确定施工顺序。在建筑装饰工程施工过程中，不同施工阶段的不同工作内容必须按照其固有的、一般情况下不可违背的先后顺序循序渐进地向前开展。建筑装饰工程施工顺序总规律为：预埋→封闭→装饰三个阶段，一般遵循预埋阶段先通风，后水暖管道，再电气线路；封闭阶段先墙面、后顶面、再地面；装饰阶段先油漆，后裱糊，再面板的顺序。工序的颠倒将影响工程的质量和工期，造成不必要的浪费。

② 施工起点及流向。施工的起点及流向是指单位工程在空间或平面上开始施工的部位及其流动方向。建筑装饰工程施工总的流向一般有先室外后室内、先室内后室外、室内外同时进行三种情况。选择哪一种施工流向，要根据气候条件、工期要求、劳动力配置情况等因素综合考虑。

一般来讲，建筑装饰工程施工范围为单层时，主要是平面上的施工流向，被称为"水平流向"；而施工范围为多层时，则还存在各楼层之间的施工流向，被称为"竖向流向"。竖向流向又可以分为自上而下流向、自下而上流向以及自中而下再自上而中流向。

影响施工流向的主要因素：

a. 施工方法。它是确定施工流向的关键因素。如外墙石材铺贴，采用干挂法，施工流向为自上而下，而采用湿法挂贴，则施工流向变为自下而上。

b. 施工各部位的繁简程度。一般采用先繁后简的施工流向。

c. 装饰材料的不同。如墙地都采用石材时，施工流向是先地面后墙面；而墙面涂料地面铺实木地板时，则施工流向变为先墙面后地面。

d. 用户（业主）对生产和使用的需要。比如有需要应急先施工交付的部分。

e. 设备管道的布置系统。必须根据管道的系统布置考虑施工流向。

f. 设备设施。如外墙玻璃幕墙立筋安装，采用滑架安装，施工流向为自上而下；而采用脚手架时，则变为自下而上。

g. 气候条件。如雷雨天，施工流向必须先室内后室外。

(3) 建筑装饰工程的施工顺序

建筑装饰工程一般分室外装饰工程和室内装饰工程。要安排好立体交叉平行搭接的施工，确定合理的施工顺序。

室内装饰工程一般的施工顺序如图 3-3 所示。

【例】 一个酒店客房装饰翻新改造工程一般的施工顺序：拆除旧物→改电气管线及通风管道→壁柜制作、窗帘盒制作→天花内管线→吊顶→天花角线→窗台板（或暖

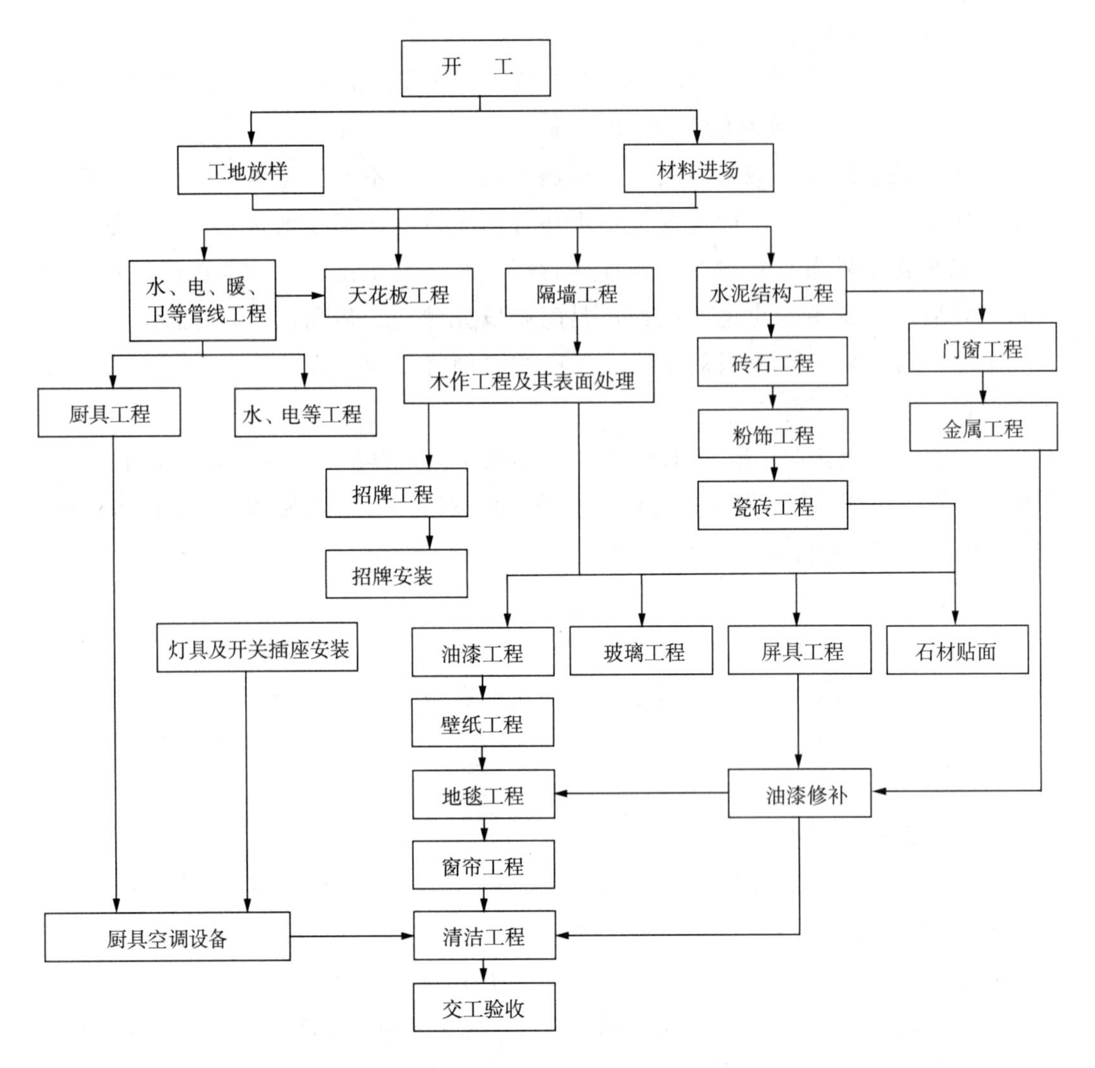

图 3－3 室内装饰工程的一般施工顺序

气罩）→门框安装→墙地面修补→天花涂料→踢脚线→墙面腻子→门扇安装→木饰面油漆→贴壁纸→电气面板、风口安装→灯具安装→清理修补→铺地毯→交工验收。

（4）施工方法和施工机具的选择

选择施工方法和施工机具（机械）是施工方案中的关键问题，直接影响施工进度、质量安全以及工程成本。

① 施工方法的选择。应着重考虑影响整个建筑装饰工程施工的重要部分，如对工程量较大、施工工艺较复杂或采用新工艺、新技术以及对整个工程质量起关键作用的施工方法。而对于常规做法或工人熟悉的装饰工程类别，只需提出应注意的特殊问题。

② 施工机具的选择。现代化建筑装饰工程施工要求精度高，单靠手工无法满足要求，必须配备先进的施工机具。施工机具（机械）是建筑装饰工程施工中质量和工效

的基本保证。

选择施工机具时，需从以下几个方面考虑：

a. 选择适宜的施工机具及型号。

b. 同一施工现场，尽量选择一机多能的综合性机具，减少机具配置的数量和型号，便于机具的管理。

c. 选择机具要注意与之配套的附件和消耗品。

d. 充分发挥现有机具的作用。

(5) 主要技术组织措施

技术组织措施是在技术和组织方面对保证工程质量、安全、节约和文明施工所采用的方法。

① 技术措施

a. 需要标明的施工图以及工程量一览表。

b. 施工方法的特殊要求和工艺流程。

c. 冬、雨季施工的措施。

d. 技术要求和质量安全注意事项。

e. 材料、机具和构件的特点、使用方法和需用量。

② 质量措施

a. 确保工程放线、定位等准确无误的措施。

b. 保证质量的组织措施，如建立健全质量保证体系、明确责任分工等。

c. 保证质量的经济措施，如建立奖罚制度。

d. 解决质量通病的措施。

e. 执行施工质量的检查、验收制度。

f. 提出各分部工程的质量评定目标计划。

③ 提高经济效益措施

a. 采用先进的生产技术。

b. 有良好的组织措施保证人员合理运用，提高劳动生产率。

c. 保证安全生产。

d. 物资管理要有计划性。

e. 减少施工管理费的支出。

④ 环保措施

a. 施工垃圾及时打扫、集中堆放并清运。

b. 拆除物件时，随时洒水以减少扬尘污染。

c. 控制污水流向，设沉淀池，污水经沉淀后方可排入下水管道。

d. 注意施工现场噪音控制，制定降噪制度和措施。

⑤ 成品保护措施

建筑装饰工程成品保护一般采取防护、包裹、覆盖、封闭等措施，以及采取合理的施工顺序来最大程度地实现对成品的保护。

防护是通过构筑、搭建临时设施来保护成品，如台阶饰面施工在旁边搭建脚手板供人通行；包裹是将被保护成品或半成品包裹起来防止损伤和污染，如不锈钢、铝合金等材料上的防护薄膜不得撕开，并应有防碰撞的保护措施；覆盖是用表面覆盖的方式防止堵塞和损伤，如地砖施工完毕覆盖瓦楞纸、木夹板等保护其面层；封闭则是采取局部封闭的方式进行成品保护，如已经施工完毕的房间实行临时封闭，防止人们随意进出造成破坏等。

⑥ 安全措施

建筑装饰工程施工安全控制重点是防火、安全用电和机具的安全使用。编制安全措施要做到及时性、针对性和具体性，主要包括以下内容：

a. 垂直运输设备的强度、拉结度要求及防护措施。

b. 金属构筑物采取防雷措施。

c. 易燃、易爆、有毒作业场所采取的防火、防爆、防毒措施。

d. 安全使用机具及用电措施。

e. 施工部位与周边通行道路、房屋间隔、防护措施。

5. 建筑装饰工程施工进度计划的编制方法和步骤

（1）施工项目的划分

施工项目是包括一定工作内容的施工过程，是施工进度计划的基本组成单元。在编制施工进度计划时，首先应根据施工图纸和施工顺序将各个施工过程列出，并结合施工方法、施工条件、劳动力组织等因素加以适当调整，使之成为编制施工进度计划所需的施工项目。

（2）确定施工顺序

在合理划分施工项目后，还需按施工工艺要求、施工组织安排、施工工期规定以及施工安全技术要求，确定各施工项目的施工顺序。在施工进度计划图表上一般按自上而下的施工顺序排列施工项目名称。

（3）计算工程量

工程量根据相关工程资料、施工图纸、计算规则、定额以及相应施工方法计算。编制施工进度计划时已有预算文件的，则可直接采用预算中的工程量数据。

（4）计算劳动量和机械台班费

根据各分部分项工程施工项目的工程量、施工方法和有关部门发布的定额，并参照装饰施工单位的实际情况，计算劳动量和机械台班费。如果编制施工进度计划时已有预算文件，则可直接采用预算中的劳动量和机械台班费数据。

（5）确定各施工项目的持续时间

计算各施工项目施工过程持续时间的方法有三种，分别为经验估算法、定额计算法以及倒排计划法。

① 经验估算法。经验估算法是以过去的施工经验按实际的施工条件来估算项目的施工持续时间，为了提高其精确度，一般采用“三时估计法”，三时分别是完成该项目的最乐观时间、最悲观时间和最可能时间的估计值，通过下列算式进行计算：

$$M=\frac{A+4C+B}{6} \tag{3-1}$$

式中，M——该项目的施工持续时间；

A——该项目乐观（最短）施工持续时间估计值；

B——该项目悲观（最长）施工持续时间估计值；

C——该项目最可能施工持续时间估计值。

② 定额计算法。定额计算法根据定额上相应施工项目需要的劳动量或机械台班量，以及配套的劳动人数或机械台班数来进行计算，通过下列算式进行计算：

$$t=\frac{Q}{RSN}=\frac{P}{RN} \tag{3-2}$$

式中，t——该项目的施工持续时间；

Q——该项目工程量；

P——该项目所需劳动量或机械台班量；

R——该项目配备的劳动人数或机械台班数；

S——产量定额；

N——每天采用的工作班制（1～3 班制度）。

③ 倒排计划法。倒排计划法是根据规定的工程总工期，先确定各施工项目的施工持续时间，再按施工项目所需的劳动量或机械台班量，计算出每个施工过程中的施工班组所需的工人数或机械台班数。其计算公式如下：

$$R=\frac{P}{Nt} \tag{3-3}$$

式中，R——该项目配备的劳动人数或机械台班数；

P——该项目所需劳动量或机械台班量；

t——该项目的施工持续时间；

N——每天采用的工作班制。

一般来讲，在计算工作班制时按一班制考虑。

（6）施工进度计划初步方案的编制

在上述各项内容完成后，可进行施工进度计划初步方案的编制。在考虑各施工过程合理顺序的前提下，先安排主导施工过程的施工进度，并尽可能组织流水施工，力求主要工种的施工班组连续均衡施工，其余施工过程尽可能配合主导施工过程，使各施工过程在工艺和工作面允许的条件下，最大限度地合理搭配、配合、穿插、平行施工。

（7）检查和调整施工进度计划

施工进度计划初步方案编制后，还要根据合同规定、经济效益、施工条件等因素进行检查、调整和优化，包括对施工工期、施工顺序、资源均衡性的检查与调整，直至满足要求，开始编制正式施工进度计划。

建筑装饰工程施工是个很复杂的过程，受客观条件和各方面环境变化因素影响也较大，故在编制施工进度计划的时候要留有余地。在施工进度计划执行的过程中，当实际进度与计划产生偏差时，对施工过程应不断进行“计划→执行→检查→调整→重新计划”，提升实用性，真正达到指导施工的目的。

6. 施工准备工作计划

施工准备在开工前为开工创造条件，开工后为施工作业创造条件，并贯穿于整个施工过程。施工准备工作计划主要有以下内容：

（1）调查研究与收集资料

对施工区域的环境特点（可施工时间、给排水、供电、交通运输、材料供应、生活条件）等情况进行详尽的调查研究，以此作为项目准备工作的依据。

（2）技术资料的准备

主要内容包括熟悉和会审图纸，编制施工组织设计，编制施工预算，各种加工品、成品、半成品的技术准备，新技术、新工艺、新材料的试制试验。

（3）施工现场的准备

主要内容有清理现场、拆除障碍物，进行工程测量、定位放线，做好水、电、道路等施工所必需的施工条件的准备，以及现场办公、生活、仓储用房等临时设施的安排。

（4）劳动力的准备

集结施工力量，调整健全和充实施工组织机构，建立健全管理制度，必要时需对施工队伍进行专业技术培训，落实外包施工队伍的组织，及时安排和组织劳动力进场。

（5）物资的准备

各种技术物资只有运输到施工现场并进行必要的储备后，才具备开工条件。要按计划组织订货、进货，并在指定地点安排堆放或入库。

（6）冬季、雨季施工准备

我国北方地区多考虑冬季对工程施工的影响，南方地区则多考虑雨季对施工的影响。必须合理安排冬、雨季施工项目，做好施工现场以及物资储备仓库的防冻、防水，加强安全教育，避免冬季、雨季出现各种事故。

常用的建筑装饰工程施工准备工作计划见表3－5所列。

表3－5　施工准备工作计划

序　号	施工准备工作项目	工程量		进　度											
		单位	数量	月　份						月　份					
				1	2	3	4	5		1	2	3	4	5	
									……						……

7. 各项资源需用量计划

各种资源需用量计划是做好各种资源的供应、调度、平衡、落实的依据，主要包括以下内容：

（1）劳动力需用量计划

劳动力需用量是劳动力平衡、调配和衡量劳动力耗用指标的依据，根据施工预算、劳动定额和施工进度计划编制而成。常用的劳动力需用量计划见表3－6所列。

表3－6　劳动力需用量计划

序　号	项目名称	工作量	用工量	安排人数	月　份											
					1	2	3	4	5	6	7	8	9	10	11	12

（2）主要材料需用量计划

主要材料需用量是备料、供料和确定仓库、堆场面积及运输量的依据，根据施工预算、材料消耗定额和施工进度计划编制而成。常用的主要材料需用量计划见表3－7所列。

表 3-7　主要材料需用量计划

序　号	材料名称	规　格	需用量		拟进场时间	备　注
			单　位	数　量		

（3）施工机具需用量计划

施工机具需用量反映施工所需要各种机具设备的名称、规格、型号、数量及使用时间，根据施工方案、施工方法和施工进度计划编制而成。常用的施工机具需用量计划见表 3-8所列。

表 3-8　施工机具需用量计划

序　号	机具名称	规　格	需用量		来　源	使用起止时间	备　注
			单　位	数　量			

（4）构配件需用量计划

构配件需用量用于组织落实加工单位和货源进场时间，根据施工图、施工方案、施工方法和施工进度计划编制而成。常用的施工机具需用量计划见表 3-9 所列。

表 3-9　构配件需用量计划

序　号	名　称	规　格	图　号	需用量		使用部位	加工单位	拟进场时间	备　注
				单　位	数　量				

8. 施工平面图设计

建筑装饰工程施工平面图一般采用 1∶200 至 1∶500 的比例，其设计步骤：确定仓库、材料及构配件堆放场地的尺寸和位置→布置运输道路→布置临时设施→布置水电管线→布置安全消防设施→调整优化。平面图绘制需遵照国家相关建筑工程制图标准和规范，如《房屋建筑制图统一标准》(GB/T 50001—2017)。

施工平面图的评价指标有施工场地利用率，其计算公式：

$$施工场地利用率=\frac{施工设施占地面积}{施工用地面积}\times 100\% \tag{3-4}$$

施工平面图应按要求的施工场地利用率，根据拟建建筑装饰工程的规模、施工方案、施工进度及其他施工生产中的需要，结合现场情况和条件，对施工现场作出规划和布置。建筑装饰工程通常在不同的施工阶段因为施工顺序、施工条件的不同有不同的施工场地布置方式，需要绘制不同施工阶段的平面图。

练习与思考

一、单项选择题

1. 把施工所需的各种资源、生产、生活活动场地及临时设施合理地布置在施工现场，使整个现场能有组织地进行文明施工，属于施工组织设计中________的内容。

A. 施工部署　　B. 施工方案

C. 安全施工专项方案　　D. 施工平面图

2. 项目部针对施工进度滞后问题，提出以下措施，其中属于技术措施的是________。

A. 落实管理人员责任　　B. 优化工作流程

C. 改进施工方法　　D. 强化奖惩机制

3. 项目开工前的技术交底书应由施工项目技术人员编制，经________批准实施。

A. 总监理工程师　　B. 项目经理

C. 专业监理工程师　　D. 项目技术负责人

二、多项选择题

1. 下列施工组织设计的内容，属于施工部署及施工方案内容的有________。

A. 安排施工顺序　　B. 比选施工方案

C. 计算主要技术经济指标　　D. 编制施工准备计划

E. 编制资源需求计划

2. 经济措施是最易为人们所接受和采用的，如________等。

A. 加强施工调度，避免因施工计划不周和盲目调度造成窝工损失使施工成本增加

B. 管理人员应编制资金使用计划，确定、分解施工成本管理目标

C. 对各种变更，及时做好增减账，并落实业主签证

D. 认真做好资金的使用计划，并在施工中严格控制各项开支

E. 结合项目的施工组织设计及自然地理条件，降低材料的库存成本和运输成本

3. 施工组织总设计、单位工程施工组织设计及分部分项工程施工组织设计都具备的内容，有下列________。

A. 施工进度计划　　B. 各项资源需用量计算

C. 主要技术经济指标　　D. 施工部署

E. 工程概况

三、判断题

1. 裱糊工程应在刷浆工程完工后进行。（　　）

2. 不锈钢墙、柱等金属饰面在完工后即可撕去其防护薄膜。（　　）

3. 指导性施工进度计划主要适用于规模较大、工期较长需跨年度施工的工程。（　　）

4. 施工准备工作应贯穿于整个施工过程。（　　）

第四章　建筑装饰工程施工管理

第一节　建筑装饰工程项目管理概述

一、建筑装饰工程项目管理的基本概念

1. 项目与项目管理的基本概念

项目是指一系列独特的、复杂的并相互关联的活动，这些活动有一个明确的目标或目的，必须在特定的时间、预算、资源限度内依据规范完成。一般来讲，项目带有明确的目标、独特的性质、资源成本的约束性、项目实施的一次性、目标的确定性、特定的委托人以及结果的不可逆性等基本特性。

项目管理的核心任务就是项目的目标控制，按项目管理学的基本理论，没有明确目标的活动就不是项目管理的对象。

2. 建筑装饰工程项目管理

建筑装饰工程项目管理是从工程项目开始至项目完成，通过项目策划和项目控制，以使项目的费用目标、进度目标和质量目标得以实现。“从工程项目开始至项目完成”指的是项目的实施期，“项目策划”是目标控制前的一系列筹划和准备工作，“费用目标”对业主而言是投资目标，对施工方来讲则是成本目标。

根据项目不同参与方的工作性质和组织特征，建筑装饰工程项目可划分为业主方的项目管理、设计方的项目管理、施工方的项目管理和供货方的项目管理等类型。

3. 建筑装饰工程施工方的项目管理

施工方是承担施工任务单位的总称，可能是施工总承包方、施工总承包管理方、分包施工方、施工任务执行方，甚至仅仅是提供施工劳务的参与方。施工方项目管理主要服务于项目的整体利益和施工方本身的利益，其项目管理的目标包括成本目标、进度目标和质量目标。

4. 建筑装饰工程施工管理的组织结构模式

建筑装饰工程作为一个建设项目，可以被看作一个系统，由于系统的目标不同，

相应的组织观念、组织方法、组织手段、系统的运行方式各不相同。和其他系统相比，建筑装饰工程项目有其显著的特征：建筑装饰工程项目都是一次性的，没有两个完全相同的项目；建筑装饰工程项目全寿命周期持续时间较长，各阶段的工作任务和工作目标不同，参与和涉及的单位也不同；建筑装饰工程项目的任务通常由多个单位共同完成，单位间的合作关系是不固定的，且一些单位的利益不尽相同，甚至相互对立。

系统目标决定了系统组织，组织的结构模式反映了一个系统中各子系统或各元素（各工作部门或各管理人员）之间的指令关系。常用的组织结构形式包括线型组织结构、职能组织结构和矩阵组织结构三种。

（1）线型组织结构

每一个工作部门只对其直接的下属部门下达工作指令，每一个工作部门也只有一个直接的上级部门，如图 4－1 所示。

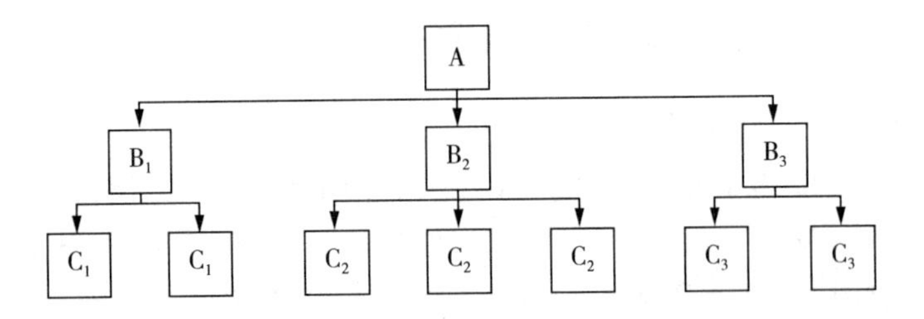

图 4－1　线型组织结构形式

线型组织结构形式是指每一个工作部门只有唯一的指令源，避免了由于矛盾的指令而影响组织系统的运行；但如果是一个特大的组织系统，则有可能由于指令路径过长，造成组织系统一定程度上的运行困难。

在建筑装饰工程项目的实施过程中，矛盾的指令会给工程项目目标的实现造成较大影响。因此，国内外建设项目多以线型组织结构形式为主。

（2）职能组织结构

每一个职能工作部门可根据其管理职能对其直接或非直接的下属工作部门下达指令，如图 4－2 所示。

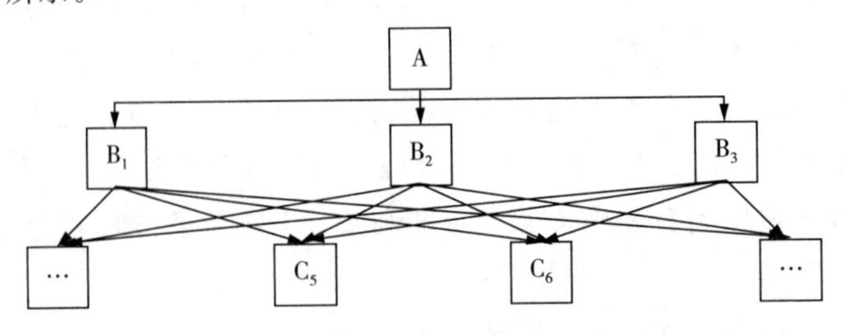

图 4－2　职能组织结构形式

职能组织结构实行高度专业化分工，每个工作部门职责明确，各自履行一定的职能并为整个组织服务，但职能组织结构可能产生多个矛盾的指令，会影响组织系统的运行。

（3）矩阵组织结构

在组织系统的最高指挥者（部门）以下设横向和纵向两种不同类型的工作部门，指令来自横向和纵向两个不同的指令源，如图 4-3 所示。

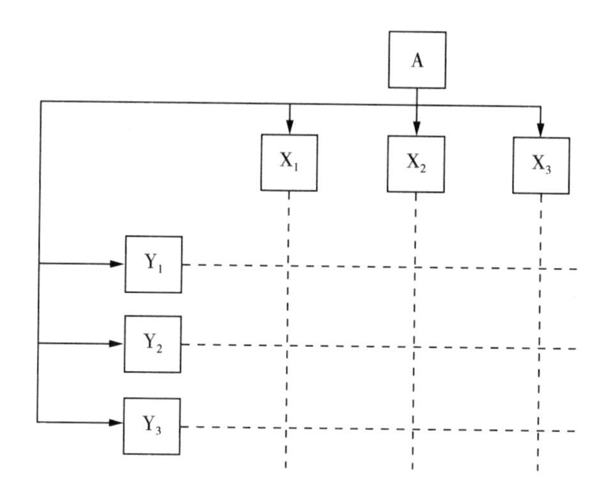

图 4-3　矩阵组织结构形式

当横向和纵向工作部门指令发生矛盾时，由该组织系统的最高指挥者（部门）进行协调或决策，也可以采用以横向或纵向工作部门指令为主的矩阵组织结构形式。矩阵组织结构形式适用于较大的组织系统，建筑装饰施工企业采用矩阵组织结构形式，如图 4-4 所示。

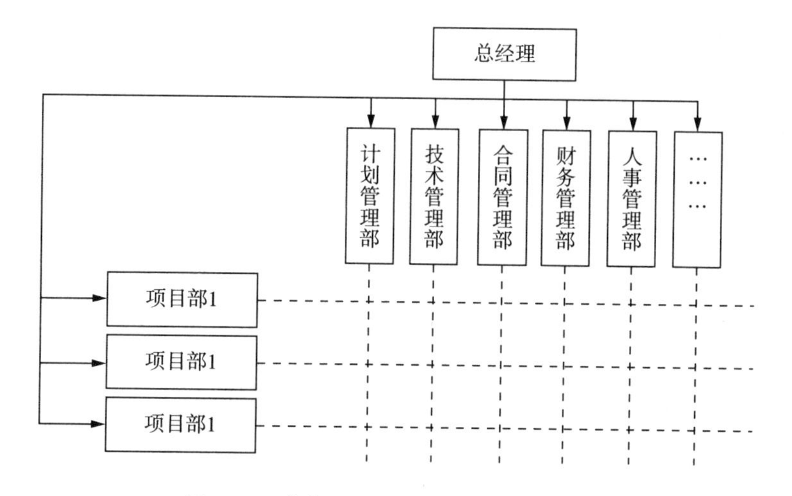

图 4-4　装饰施工企业矩阵组织结构形式

二、项目经理的任务和责任

建筑装饰施工企业的项目经理是受企业法定代表人委托对建筑装饰工程项目施工全面负责的项目管理者，是企业法定代表人在工程项目上的代表人。按现行国家法律，大中型工程项目的项目经理必须由取得建造师注册证书的人员担任，但已取得建造师注册证书的人员是否能担任项目经理由企业自主决定。建造师是一种专业执业人士的名称，项目经理则是一个工作岗位的名称，二者含义并不相同。

项目经理应具有符合施工项目管理的能力，具有相应施工项目管理经验和业绩，具有承担施工项目管理任务的专业技术、管理、经济和法律法规知识以及具有良好的道德品质这些基本素质。

1. 项目经理的地位、作用及特征

① 项目经理是企业任命的一个项目的管理班子负责人（领导人）。

② 项目经理的任务仅限于主持项目管理工作，主要为项目目标的控制和组织协调。是否有人事权、财务权和物资采购权等管理权限，由其上级决定。

③ 项目经理是一个管理岗位而不是技术岗位。

经过多年努力，目前我国在工程建设领域推行项目经理负责制已经取得很大成绩。

2. 项目经理的任务

建筑装饰工程项目经理往往是一个工程项目施工方的总组织者、总协调人和总指挥者，其任务主要包括：

① 建筑装饰工程施工职业健康安全管理。

② 建筑装饰工程施工合同管理。

③ 建筑装饰工程施工信息管理。

④ 建筑装饰工程施工成本控制。

⑤ 建筑装饰工程施工质量控制。

⑥ 建筑装饰工程施工进度控制。

⑦ 建筑装饰工程施工相关的组织与协调。

3. 项目经理的职责

建筑装饰工程项目经理的职责包括：

① 代表所在的装饰企业实施施工项目管理，贯彻执行国家法律、法规、方针政策和强制性标准，执行企业的管理制度，维护企业的合法权益。

② 履行项目管理目标责任书规定的任务。

③ 组织编制项目管理实施规划。

④ 对进入现场的生产要素进行优化配置和动态管理。

⑤ 在授权范围内负责与企业管理层、劳务作业层、各协作单位、发包人、分包人、

监理人等的协调工作，解决项目中出现的问题。

⑥ 处理项目经理部与国家、企业、分包单位以及职工之间的利益分配。

⑦ 建立质量管理体系和安全管理体系并组织实施。

⑧ 进行现场文明施工管理，发现和处理突发事件。

⑨ 参与工程竣工验收，准备结算资料和分析总结，接受审计。

⑩ 处理项目经理部的善后工作。

⑪ 协助企业进行项目的检查、鉴定和评奖申报。

4. 项目经理的责任和权限

项目经理对项目施工承担全面管理的责任，实行项目经理负责制。建筑装饰工程项目实施前，由企业法定代表人或其授权人与项目经理协商制定项目管理目标责任书。该目标责任书应依据合同文件、组织管理制度、项目管理规划大纲和组织的经营方针与目标编制。

项目经理应与企业法定代表人或其授权人签订项目承包合同，在企业法定代表人授权范围内，项目经理通常拥有以下权限：

① 参与施工项目投标和签订施工合同。

② 组建项目工程部，确定项目经理部的组织结构，选择、聘任管理人员，确定管理人员的职责，并建立考核、评价和奖惩制度。

③ 主持项目经理部工作，组织制定施工项目的各项管理制度。

④ 在规定范围内，根据企业法定代表人授权和施工项目管理需要，决定资金的投入和使用。

⑤ 制定内部计酬方式。

⑥ 根据企业法定代表人授权或按照企业的规定选择并使用具有相应资质的分包人。

⑦ 根据企业法定代表人授权或按照企业的规定选择物资供应单位。

⑧ 根据企业法定代表人授权协调和处理与施工项目相关的内部与外部事项。

练习与思考

一、单项选择题

1. 以下________不是项目的特征。

A. 单件性和一次性　B. 具有明确的目标　C. 不具有生命周期　D. 不可逆性

2. 建设工程中，项目管理中的“费用目标”对施工方而言是________。

A. 投资目标　　B. 成本目标　　C. 概算目标　　D. 预算目标

3. 下列选项中，反映一个项目管理班子中各工作部门之间组织关系的组织工具是________。

A. 项目结构图　　B. 工作流程图　　C. 任务分工表　　D. 组织结构图

4. 根据《建设工程项目管理规范》，在项目实施前，建设单位的企业法定代表人应与施工项目经理协商制定________。

A. 项目成本管理规划　　B. 项目管理承诺书

C. 项目管理目标责任书　　D. 质量保证承诺书

5. 关于施工项目经理的地位、作用的说法，正确的是________。

A. 项目经理是一种专业人士的名称

B. 没有取得建造师执业资格的人员也可以担任施工项目的项目经理

C. 项目经理是企业法定代表人在项目上的代理人

D. 项目经理的管理任务不包括项目的行政管理

二、多项选择题

1. 工程项目的全寿命周期包括项目的________。

A. 决策阶段　　B. 设计阶段　　C. 实施阶段　　D. 使用阶段

E. 施工阶段

2. 工程项目的实施阶段包括________。

A. 招投标阶段　　B. 设计阶段

C. 施工阶段　　D. 动用前准备阶段

E. 保修期

3. 根据《建设工程项目管理规范》，施工企业项目经理的权限有________。

A. 向外筹集项目建设资金　　B. 自主选择分包人

C. 参与组建项目经理部　　D. 制定项目内部计酬办法

E. 主持项目经理部工作

4. 关于施工项目经理地位的说法，正确的是________。

A. 是承包人为实施项目临时聘用的专业人才

B. 是施工企业全面履行施工承包合同的法定代表人

C. 是施工企业法定代表人委托的对项目进行全面负责的项目管理者

D. 是施工承包合同中的权利、义务和责任主体

E. 项目经理经承包人授权后代表承包人负责履行合同

5. 根据《建设工程项目管理规范》，施工企业项目经理的职责有________。

A. 确保项目资金落实到位　　B. 主持编制项目管理实施规划

C. 接受项目审计　　D. 主持工程竣工验收

E. 建立项目管理体系

第二节 建筑装饰施工成本管理

一、成本与施工成本

成本是指为进行某项生产经营活动所发生的全部费用，是耗费劳动（物化劳动和活劳动）的货币表现形式。

施工成本是指在建设工程项目过程中所发生的全部生产费用的总和，包括消耗的原材料、辅助材料、构配件等费用，周转材料的摊销费或租赁费，施工机械机具的使用费或租赁费，支付给工人的工资、奖金、津贴等，以及进行施工组织与管理所发生的全部费用支出。

施工成本按性质可划分为直接成本和间接成本。

1. 直接成本

直接成本是指工程施工过程中耗费的构成工程实体或有助于工程实体形成的各项费用支出，是可以直接计入工程对象的费用。包括人工费、材料费、施工机械使用费和施工措施费等。

2. 间接成本

间接成本是指为施工准备、组织和管理施工生产的全部费用支出，是非直接用于也无法直接计入工程对象，但为进行工程施工所必须发生的费用。包括现场管理人员工资、奖金、职工福利费、劳动保护费、固定资产折旧费及修理费、物料消耗费、低值易耗品摊销、办公费、差旅交通费、保险费、工程排污费、工程保修费以及其他费用。对于施工企业所发生的企业管理费用、财务费用或其他费用，按规定计入当期损益，不得计入施工成本。

根据成本控制要求，施工成本可分为事前成本和事后成本。

在实际成本发生和工程结算之前所计算和确定的成本都是事前成本，带有预测性和计划性。所以又可以再分为预算成本和计划成本，前者是根据预算定额及取费标准计算的社会或企业平均成本，后者则是在预算成本基础上，根据企业自身的要求确定的标准成本，也称“目标成本”。

事后成本即“实际成本”，是施工项目在报告期内实际发生的各项生产费用支出的总和。

另外，按生产费用和工作量的关系，施工成本又可分为固定成本和可变成本。这种划分的主要目的是进行成本分析，特别是在可变成本中寻求降低成本的途径。

二、建筑装饰工程施工成本管理

施工成本管理是为实现工程项目成本目标而进行的预测、计划、控制、核算、分析和考核的活动，即为施工成本管理。

施工成本管理包括成本预测、成本计划、成本控制、成本核算、成本分析和成本考核等六项内容。

1. 成本预测

施工成本预测是通过成本信息和工程项目的具体情况，运用一定的专门方法，对未来的成本水平及其可能的发展趋势作出科学的估计，其实质也就是在施工前对成本进行核算。成本预测是施工成本决策与计划的依据。

2. 成本计划

施工成本计划是以货币形式编制工程项目在计划期内的生产费用、成本水平、成本降低率以及为降低成本采取的主要措施和规划的书面方案。它是降低成本的指导文件，也是设立目标成本的依据。

3. 成本控制

施工成本控制的目的在于最终实现甚至超过预期成本节约目标。包括在施工过程中对影响施工成本的各种因素加强管理，采取有效措施将施工中实际发生的各种消耗和支出严格控制在成本计划范围内，严格审查各项费用是否符合标准，消除施工中的损失浪费现象等措施。施工成本控制贯穿于工程项目从招投标阶段开始到竣工验收的全过程，是企业全面成本管理的重要环节。

4. 成本核算

施工成本核算是对项目施工过程中所发生的各种消耗进行记录、分类，并采取适当的成本计算方法计算出各个成本核算对象的总成本与单位成本的过程。施工成本核算所提供的各种成本信息是成本预测、控制、分析和考核等各个环节的依据，加强成本核算工作，对降低施工成本、提高企业经济效益有非常积极的作用。

5. 成本分析

在成本形成过程中对施工成本进行的对比评价和剖析总结工作即为施工成本分析，其贯穿于施工成本管理的全过程。通过成本分析，系统地研究成本变动的因素，核查成本计划的合理性，深入揭示成本变动的规律，寻找降低成本的途径，以便更有效地进行成本控制。

6. 成本考核

项目完成后，对施工成本形成中各责任者按施工成本目标责任制的有关规定，将成本实际指标与预算、定额、计划进行对比并进行考核，评定施工成本计划的完成情况和各责任者的业绩，并给予相应的奖罚，即为施工成本考核。通过成本考核，做到有奖有罚，充分调动企业每一个职工在各自施工岗位上努力完成目标成本的积极性，是实现成本目标责任制的保证和实现决策目标的重要手段。

三、建筑装饰工程施工成本管理的措施

为取得施工成本管理的理想成效，应从多方面采取措施，通常将这些措施归纳为组织措施、技术措施、经济措施和合同措施。

1. 组织措施

组织措施是从施工成本管理的组织方面采取的措施。主要表现在施工成本控制是全员的活动，施工成本管理不仅是成本管理人员的工作，各级项目管理人员都负有成本管理责任。

组织措施的另一方面表现为编制施工成本控制工作计划，确定合理、详细的工作流程。

组织措施是其他几类措施的前提和保障，一般不需要增加什么额外费用，运用得当就能取得良好效果。

2. 技术措施

施工过程中降低成本的技术措施主要包括：进行技术经济分析，确定最佳施工方案；结合施工方法，进行材料使用比选，在满足功能要求的前提下，通过代用、改变配合比、使用添加剂等方法降低材料消耗的费用；确定最合适的机械设备使用方案；降低材料库存成本和运输成本；新材料、新技术、新工艺运用等。

技术措施不但对解决施工成本管理过程中的技术问题是不可缺少的，还对纠正施工成本管理目标偏差有相当重要的作用。

3. 经济措施

经济措施不仅仅是财务人员的工作，包括管理人员编制资金使用计划，确定、分解施工成本管理目标；对施工成本管理目标进行风险分析并制定防范性对策；在施工中严格控制各项开支，及时准确地记录、收集、整理、核算实际发生的成本。对各种变更，及时作出增减账、落实业主签证、结算工程款。通过偏差分析和未完工程预测，发现潜在问题并采取以主动控制为出发点的预防措施。

4. 合同措施

合同措施首先是选用合适的合同结构，通过对不同合同结构模式进行分析比较，在合同谈判中要争取选用适合于工程规模、性质和特点的合同结构模式。其次，在合同条款中应仔细考虑一切影响成本和效益的因素，特别是潜在的风险因素。在合同执行期间，合同管理的措施既要密切关注对方合同执行情况，以寻求合同索赔的机会，也要密切注意自身履行合同的情况，防止被对方要求索赔。

四、建筑装饰工程施工成本计划

1. 施工成本计划的概念与重要性

施工成本计划是在成本预测的基础上，经过分析、比较、论证、判断之后，以货

币形式预先规定计划期内项目施工的耗费和成本所要达到的水平，并且确定各个成本项目相对预计要达到的降低额和降低率，提出保证成本计划实施所需要的主要措施方案。

施工成本计划是施工成本预测的继续，是实现降低施工成本任务的指导性文件。

施工成本计划重要性的主要体现：

① 是对生产消耗进行控制、分析和考核的重要依据。

② 是编制核算单位其他有关生产经营计划的基础。

③ 是动员全体职工深入开展增产节约、降低施工成本的活动。

④ 是建立企业成本管理责任制、开展经济核算和控制生产费用的基础。

2. 施工成本计划的类型

① 竞争性成本计划。工程项目投标及签订合同阶段的估算成本计划，总体上比较粗略。

② 指导性成本计划。选派项目经理阶段的预算成本计划，属于企业施工成本计划，是项目经理的责任成本目标。

③ 实时性成本计划。项目施工准备阶段的施工预算成本计划，以项目实施方案为依据，属于项目成本计划。

三种类型的成本计划构成了整个工程施工成本的计划过程。本章节以下所指成本计划则主要指实时性成本计划。

3. 施工成本计划的编制方法

施工成本计划的编制以成本预测为基础，关键在于确定目标成本。一般来讲，施工成本计划总额应控制在目标成本的范围内，并建立在切实可行的基础上。

（1）按施工成本组成编制施工成本计划

按施工成本组成分解为人工费、材料费、施工机械使用费、措施费和间接费等，如图 4－5 所示。

图 4－5　按成本组成分解

（2）按项目组成编制施工成本计划

将项目总施工成本逐步分解到单项工程和单位工程、再细分到分部分项工程中，如图 4－6 所示。

（3）按工程进度编制施工成本计划

按工程进度编制施工成本计划，在确定完成各项工作所花费时间的同时，确定完

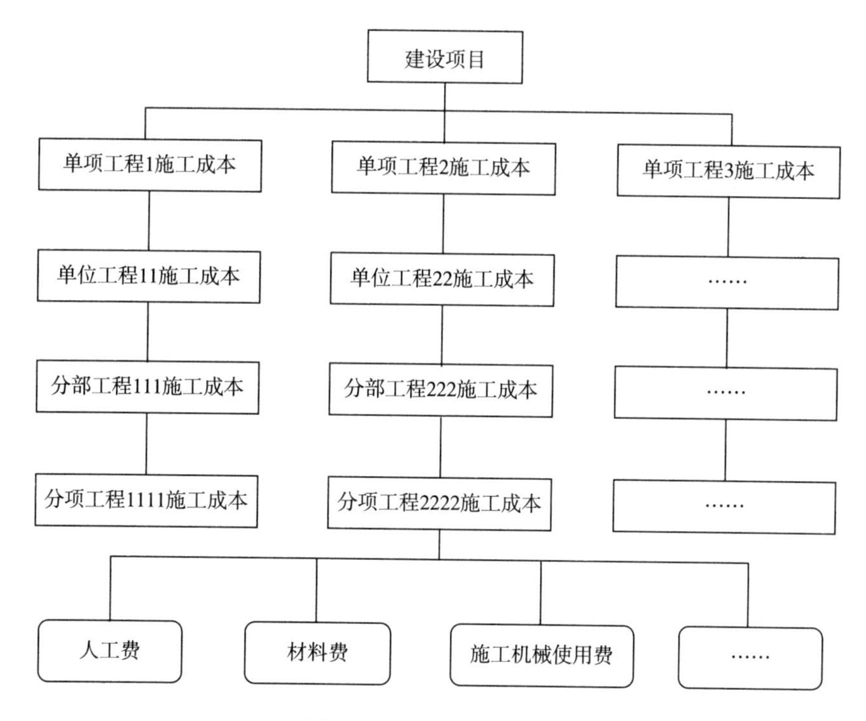

图 4－6　按项目组成分解

成这一工作合适的施工成本支出计划。

4. 施工成本计划的编制依据

① 投标报价文件。

② 企业定额、工程预算。

③ 施工组织设计或施工方案。

④ 企业颁布的材料指导价、企业内部机械台班价、内部挂牌的劳动力价格。

⑤ 人工、材料、机械台班的市场价。

⑥ 周转设备内部租赁价格、摊销耗损标准。

⑦ 已签订工程合同、分包合同。

⑧ 结构件外加工计划和合同。

⑨ 有关财务成本核算制度和财务历史资料。

⑩ 施工成本预测资料。

⑪ 拟采取的降低成本的措施。

⑫ 其他相关资料。

5. 施工成本计划的内容

（1）编制说明

编制说明是指对工程的范围、投标竞争过程及合同文件、承包人对项目经理提出的责任成本目标、施工成本计划编制的指导思想和依据等的具体说明。

(2) 施工成本计划的指标

① 成本计划的数量指标，如按人工、材料、机械等各种主要生产要素计划成本指标。

② 成本计划的质量指标，如施工项目总成本降低率。

③ 成本计划的效益指标，如工程施工成本降低额。

(3) 按工程量清单列出的单位工程计划成本汇总表，见表4-1所列。

表4-1 单位工程计划成本汇总表

序　号	清单项目编码	清单项目名称	合同价格	计划成本
1				
2				
3				
……				

(4) 按成本性质划分的单位工程成本汇总表。

6. 施工成本计划的编制程序

编制施工成本计划的程序，因项目的规模大小、管理要求不同而不同。大、中型项目一般采用分级编制的方式，即先由各部门提出部门成本计划，再由项目经理部汇总编制全项目工程的成本计划；小型项目则一般采用集中编制方式，即由项目经理部先编制各部门的成本计划，再汇总编制全项目工程的成本计划。

项目成本计划的编制程序一般如图4-7所示。

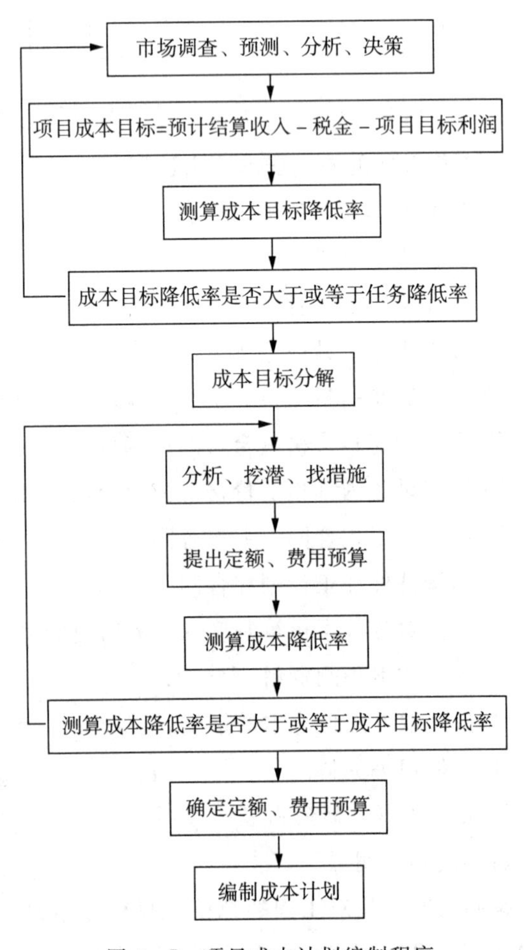

图4-7 项目成本计划编制程序

五、建筑装饰工程施工成本控制

1. 施工成本控制的概念与重要性

施工成本控制是指在施工成本形成的过程中，对生产经营所消耗的人力资源、物质资源和费用开支进行指导、监督、调节和限制，及时纠正将要发生的和已经发生的偏差，把各项生产费用控制在计划成本的范围之内，以保证成本的实现。施工成本控制是在成本发生和形成的过程中对成本进行的监督检查。成本的发生和形成是一个动态的过程，这就决定了成本的控制也是一个动态过程，也可称为“成本的过程控制”。

施工成本控制的重要性，可以体现在以下几个方面：

① 监督工程收支，实现计划利润。

② 做好盈亏预测，指导工程实施。

③ 分析收支情况，调整资金流动。

④ 积累资料，指导今后投标。

2. 施工成本控制的依据

(1) 项目承包合同文件

施工成本控制要以项目承包合同文件为依据，围绕降低施工成本这个目标，从预算收入和实际成本两方面挖掘增收节支潜力，以求得最大的经济效益。

(2) 施工成本计划

施工成本计划是施工成本控制的指导性文件，既包括预定的具体成本控制目标，也包括实现控制目标的措施和规划。

(3) 进度报告

进度报告提供了工程每一时刻实际完成量和施工成本实际支付情况等重要信息，施工成本控制正是通过这些信息，将实际情况与成本计划相比较，找出二者之间的差别，分析偏差产生的原因，从而采取措施改进以后的工作。此外，进度报告还有助于管理者及时发现工程实施中存在的隐患，并在事态尚未造成重大损失之前采取有效措施，尽量避免损失的出现。

(4) 工程变更与索赔资料

工程变更在项目实施过程中很难避免，一旦出现工程变更，使工程量、工期产生变化从而导致成本产生相应的变化，使得施工成本控制变得更为复杂。因此，施工成本管理人员应当通过对变更要求中各类数据的计算、分析，随时掌握变更情况，判断变更以及变更可能带来的索赔额度等。

(5) 其他

有关施工组织设计、分包合同文本等也能成为施工成本控制的依据。

3. 施工成本控制的要求与原则

施工成本控制要按照计划成本目标值来控制生产要素的采购价格，并认真做好材料、设备进场数量和质量的检查、验收与保管；要控制生产要素的利用效率和消耗定额（如任务单管理、限额领料、验工报告审核等），同时要做好不可预见成本风险的分析和预控以及编制相应的应急措施；要控制影响效率和消耗量的其他因素（如工程变更等）所引起的成本增加；要把施工成本管理责任制度与对项目管理者的激励机制结合起来，以增强管理人员的成本意识和控制能力；承包人必须有一套健全的项目财务管理制度，按规定的权限和程序对项目资金的使用和费用的结算支付进行审核、审批，使其成为施工成本控制的重要手段。

施工成本控制应当遵循以下原则：

（1）全面控制原则

必须做到施工成本的全员控制和全过程控制。

（2）动态控制原则

① 项目施工是一次性行为，其成本控制应更重视事前、事中控制。

② 编制成本计划，制订或修订各种消耗定额和费用开支标准。

③ 施工阶段重在执行成本计划，落实降低成本措施，实行成本目标管理。

④ 建立灵敏的成本信息反馈系统。

（3）目标控制原则

目标管理是管理活动的基本技法和方法。它是把计划的方针、任务、目标和措施等加以逐一分解落实。

（4）开源与节流相结合原则

① 编制工程预算时，应“以支定收”，保证预算收入；在施工过程中，要“以收定支”，控制资源消耗和费用支出。

② 严格控制成本开支范围、费用开支标准，严格遵守有关财务制度，对各项成本费用的支出进行限制和监督。抓住索赔时机，搞好索赔工作，合理力争经济补偿。

4. 施工成本控制实施的步骤

施工成本控制实施的步骤，一般分为比较、分析、预测、纠偏、检查五步。

（1）比较

按照某种确定的方式将施工成本计划值与实际值逐项进行比较，看施工成本是否超支。

（2）分析

对比较结果进行分析，以确定偏差的严重性和偏差产生的原因。这一步是施工成本控制工作的核心，从而采取有针对性的措施，减少和避免相同原因偏差的再次发生或减少由此产生的损失。

（3）预测

根据项目实施情况估算整个项目完成时的施工成本，预测的目的在于为决策提供支持。

（4）纠偏

根据工程的具体情况、偏差分析和预测的结果，采取适当的措施，以期达到使施工成本偏差尽可能小的目的。纠偏是施工成本控制中最具实质性的一步，只有通过纠偏才能最终达到有效控制施工成本的目的。

（5）检查

对工程的进展进行跟踪和检查，及时了解工程进展状况以及纠偏措施的执行情况和效果，为今后工作积累经验。

5. 施工成本控制的实施方法

（1）以施工成本目标控制成本支出

① 人工费的控制。人工费的控制实行“量价分离”的方法，将作业用工及零星用工按定额工日的一定比例综合确定用工数量和单价，通过劳务合同进行控制。

② 材料费的控制。材料费的控制同样按照“量价分离”原则，控制材料用量和材料价格。在保证符合设计要求和质量标准前提下，合理使用材料，通过材料需用量计划、定额管理、计量管理等手段有效控制材料物资的消耗；通过掌握市场信息，应用招标和询价等方式控制材料、设备的采购价格。

③ 施工机械使用费的控制。主要是合理安排、调度施工机械，加强维修保养，做好机上人员和辅助生产人员的协调和配合，提高施工机械台班产量。

④ 施工分包费用的控制。主要做好分包工程的询价、订立平等互利的分包合同、建立稳定的分包关系网络、加强施工验收和分包结算等工作。

（2）以施工方案控制资源消耗

① 在工程项目开工以前，根据施工图纸和工程现场的实际情况制定施工方案。

② 有步骤、有条理地按施工方案组织施工，可以合理配置人力和机械，有计划地组织物资进场，从而做到均衡施工。

③ 采用价值工程，优化施工方案。价值工程又被称为“价值分析”，应用价值工程，即研究在提高功能的同时不增加成本，或在降低成本的同时不影响功能，把提高功能和降低成本统一在最佳方案中。

六、建筑装饰工程施工成本核算

1. 施工成本核算概要

施工成本核算是施工项目管理系统中一个极其重要的子系统，也是项目管理的最根本标志和主要内容。一方面，施工成本核算是施工项目进行成本预测、制定成本计划和实行成本控制所需信息的重要来源；另一方面，施工成本核算又是施工项目进行成本分析和成本考核的基本依据。施工成本核算是对成本目标是否实现的最后检验，是施工成本管理中最基本的职能。

（1）施工成本核算的对象

施工成本核算的对象是指在计算工程成本中确定的归集和分配生产费用的具体对

象，即生成费用承担的客体。确定成本对象是设立工程成本明细分类账户、归集和分配生产费用以及正确计算工程成本的前提。

施工成本核算对象主要根据企业生产的特点和成本管理上的要求确定，一般有以下几种划分：

① 一个单位工程由几个施工单位共同施工时，各施工单位都应以同一单位工程为成本核算对象，各自核算自身完成的部分。

② 规模大、工期长的单位工程，可将工程划分为若干部位，以分部位的工程作为成本核算对象。

③ 同一建设项目由同一施工单位施工，并在同一施工地点，属于同一建设项目的各个单位工程合并作为一个核算对象。

④ 改建、扩建的零星工程，可根据实际情况和管理需要，以一个单项工程为成本核算对象，或将同一施工地点的若干个工程量较少的单项工程合并作为一个成本核算对象。

（2）施工成本核算的基本要求

① 项目经理部应根据财务制度和会计制度的有关规定，建立施工成本核算制度，明确施工成本核算的原则、范围、程序、方法、内容、责任及要求，并设置核算台账，记录原始数据。

② 项目经理部应按照规定的时间间隔进行施工成本核算。

③ 施工成本核算应坚持三同步的原则，即统计核算、业务核算、会计核算三者同步进行。

④ 建立以单位工程为对象的项目生产成本核算体系。

⑤ 项目经理部应编制定期成本报告。

2. 建筑装饰工程施工成本核算的方法

（1）建筑装饰工程施工成本核算的信息关系

建筑装饰工程施工成本核算需要各方面提供信息，其施工成本核算信息关系如图4－8所示。

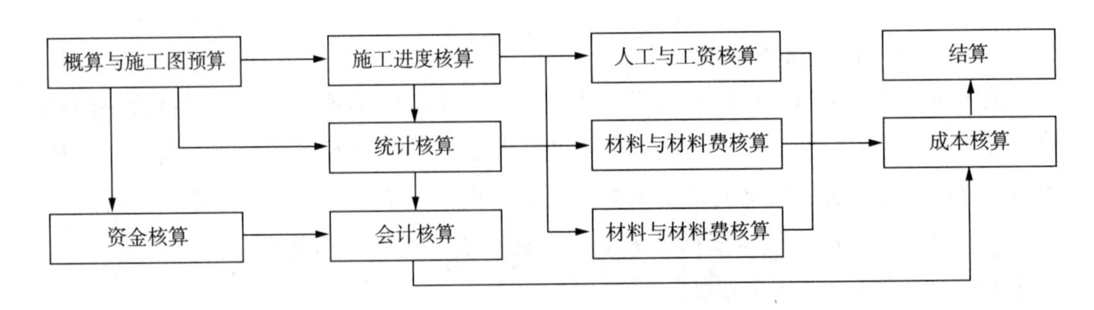

图4－8　施工成本核算信息关系图

（2）建筑装饰工程施工成本核算的工作流程

建筑装饰工程施工成本核算的工作流程：预算→降低成本计划→成本计划→施工中的核算→竣工结算。

3. 建筑装饰工程施工成本核算的过程

建筑装饰工程施工成本核算的过程其实也是各成本项目的归集和分配的过程。成本的归集是指通过一定的会计制度，以有序的方式进行成本数据的搜集和汇总；成本的分配则是指将归集的间接成本分配给成本对象的过程，也被称为“间接成本的分摊或分派”。

核算的内容和过程如下：

① 人工费的归集和分配。

② 材料费的归集和分配。

③ 周转材料费的归集和分配。

④ 结构件费用的归集和分配。

⑤ 机械使用费的归集和分配。

⑥ 其他措施费的归集和分配。

⑦ 施工间接费的归集和分配。

⑧ 分包工程成本的归集和分配。

⑨ 项目月度施工成本报告编制。

4. 建筑装饰工程施工成本会计的账表

项目经理部应根据会计制度的要求，设立核算必要的账户，进行规范的核算。首先应建立三账，再由三账编制施工成本的会计报表，即四表。

（1）三账

三账包括工程施工账、其他直接费账和施工间接费账。

① 工程施工账。用于核算工程项目进行工程施工所发生的各项费用支出，是以组成工程施工成本的项目设专栏记载。工程施工账按成本对象核算的要求，分为单位工程成本明细账和工程施工成本明细账。

② 其他直接费账。先以其他直接费用项目设专栏记载，月终再分配计入受益单位工程的成本。

③ 施工间接费账。用于核算项目经理部为组织和管理施工生产活动所发生的各种费用支出，以项目经理部为单位设账，按间接成本费用项目设专栏记载，月终再按一定的分配标准计入受益单位工程的成本。

（2）四表

四表即在建工程成本明细表、竣工工程成本明细表、施工间接费表和工程施工成本表。

① 在建工程成本明细表。要求分单位工程列示，以组成单位工程成本项目的三账汇总形成报表，账表相符，按月填表。

② 竣工工程成本明细表。要求在竣工点交后，以单位工程列示，实际成本账表相符，按月填表。

③ 施工间接费表。要求按核算对象的间接成本费用项目列示，账表相符，按月填表。

④ 工程施工成本表。属于工程施工成本的综合汇总表，表中除按成本项目列示外，还增加了工程成本合计、工程结算成本合计、分建成本、工程结算其他收入和工程结算成本总计等项，综合了前三个报表，汇总反映施工成本。

七、建筑装饰工程施工成本分析与考核

1. 施工成本分析的概念和作用

施工成本分析就是通过统计核算、业务核算和会计核算提供的资料，对施工成本形成过程和影响成本升降的因素进行分析，以寻求更进一步降低成本的途径。

施工成本分析的作用主要体现在：

① 有助于恰当评价成本计划的执行结果。

② 揭示成本节约和超支的原因，进一步提高企业管理水平。

③ 寻求进一步降低成本的途径和方法，不断提高企业的经济效益。

2. 施工成本分析的内容

一般来说，施工成本分析主要包括以下内容：

(1) 随工程项目施工的进展而进行的成本分析

包括分部分项工程成本分析、月（季）度成本分析、年度成本分析和竣工成本分析。

(2) 按成本项目进行的成本分析

包括人工费分析、材料费分析、机械使用费分析、措施费分析和间接成本分析。

(3) 针对特定问题和成本有关事项的分析

包括成本盈亏异常分析、工期成本分析、资金成本分析、质量成本分析、技术组织措施、节约效果分析以及其他有利或不利因素对成本影响的分析。

3. 施工成本分析的方法

施工成本分析的基本方法有比较法、因素分析法、差额计算法和比率法等。

(1) 比较法

比较法，又称“指标对比分析法”，就是通过技术经济指标的对比，检查目标的完成情况，分析产生差异的原因，进而挖掘内部潜力的方法。通俗易懂、简单易行、便于掌握，因而获得了广泛的应用。比较法的应用通常有下列形式：

① 将实际指标与目标指标对比，以检查目标完成情况，分析影响目标完成的积极因素和消极因素，以便及时采取措施，保证成本目标的实现。

② 通过本期实际指标与上期实际指标对比，可以看出各项技术经济指标的变动情况，反映施工管理水平的提高程度。

③ 通过与本行业平均水平、先进水平对比，可以反映本项目的技术管理水平和经济管理水平与行业平均水平和先进水平的差距，进而采取措施赶超先进水平。

（2）因素分析法

因素分析法，也称“连环置换法”，这种方法可以用来分析各种因素对成本的影响程度。在进行分析时，首先要假定众多因素中的一个因素起了变化，而其他因素则不变，然后逐个替换，分别比较其计算结果，以确定各个因素的变化对成本的影响程度。因素分析法的计算步骤如下：

① 确定分析对象，并计算实际数与目标数的差异。

② 确定该指标由哪几个因素组成，并按其相互关系进行排序，排序规则为先实物量、后价值量，先绝对值、后相对值。

③ 以目标数为基础，将各因素的目标数相乘，作为分析替代的基数。

④ 将各个因素的实际数按照上面的排序进行替换计算，并将替换后的实际数保留下来。

⑤ 将每次替换计算所得的结果与前一次的计算结果对比，两者的差异即为该因素对成本的影响程度。

⑥ 各个因素的影响程度之和与分析对象的总差异相等。

运用因素分析法计算时，各个因素的排列顺序是固定不变的。

（3）差额计算法

差额计算法是因素分析法的一种简化形式，它是利用各个因素的目标与实际的差额来计算其对成本的影响。

（4）比率法

比率法是指用两个以上的指标的比例进行分析的方法，其基本特点是先把对比分析的数值变成相对数，再观察其相互之间的关系。常用比率法有以下几种：

① 相关比率法。将两个性质不同而又相关的指标加以对比，求出比率，并以此来考察经营成果的好坏。

② 构成比率法。又被称为“比重分析法”或“结构对比分析法”，通过构成比率，可以考察成本总量的构成情况及各成本项目占成本总量的比重，同时可以看出预算成本、实际成本和降低成本的比例关系，从而为寻求降低成本的途径指明方向。

③ 动态比率法。将同类指标不同时期的数值进行对比，求出比率，用以分析该项指标的发展方向和发展速度。动态比率法的计算常使用基期指数和环比指数，见表 4-2 所列。

表 4-2　指标动态比率表

指　标	第一季度	第二季度	第三季度	第四季度
降低成本（万元）	82.10	85.82	92.32	98.30
基期指数（%）（第一季度＝100）	—	104.53	112.45	119.73
环比指数（%）（上一季度＝100）	—	104.53	107.57	106.48

4. 建筑装饰工程施工成本考核

施工成本考核是指对施工成本目标（降低成本目标）完成情况和成本管理工作业绩两方面的考核。两者都属于施工企业对项目经理部成本监督的范畴，施工成本考核是衡量成本减低的实际效果，也是对成本指标完成情况的总结和评价。在考核中，主要以施工成本降低额和施工成本降低率作为考核主要指标，成本降低水平与成本管理工作之间有着必然的联系，又同受偶然因素的影响，但都是对施工成本评价的一个方面，都是企业对施工成本进行考核和奖罚的依据。

成本考核是实现成本目标责任制的保证和实现决策目标的重要手段。

练习与思考

一、单项选择题

1. 根据费用是否可以直接计入工程对象划分，工程项目成本划分为________。

A. 直接成本和间接成本　　B. 固定成本和可变成本

C. 预算成本和计划成本　　D. 计划成本和实际成本

2. 某工程项目进行成本管理采取了多项措施，其中实行项目经理责任制、落实施工成本管理的组织机构和人员等措施属于成本管理________。

A. 组织措施　　B. 技术措施　　C. 经济措施　　D. 合同措施

3. 工程项目成本控制实施的步骤为________。

A. 预测→分析→比较→纠偏→检查　　B. 分析→预测→比较→纠偏→检查

C. 检查→比较→分析→预测→纠偏　　D. 比较→分析→预测→纠偏→检查

4. 工程项目成本控制的实施方法中，材料费控制的原则是________。

A. 定量定价　　B. 放量定价　　C. 定量放价　　D. 量价分离

5. 工程项目成本核算中，一般以________为成本核算对象，但也可以按照承包工程项目的规模、工期、结构类型、施工组织和现场情况等，结合成本管理要求，灵活划分成本核算对象。

A. 群体工程　　B. 单位工程　　C. 分部工程　　D. 分项工程

6. 工程项目成本的核算过程，实际上也是各成本项目________的过程。

A. 控制　　B. 分析　　C. 考核　　D. 归集和分配

7. 在因素分析法中，影响成本变化的几个因素按其相互关系进行排序，一般排序规则是________。

A. 先绝对值、后相对值，先实物量、后价值量

B. 先价值量、后实物量，先相对值、后绝对值

C. 先实物量、后价值量，先相对值、后绝对值

D. 先实物量、后价值量，先绝对值、后相对值

8. 某建筑装饰工程项目运用因素分析法对瓷砖的成本进行分析，影响因素包括损耗率、消耗量及单价，则进行分析替代的顺序是________。

A. 损耗率→消耗量→单价　　B. 消耗量→损耗率→单价

C. 单价→消耗量→损耗率　　D. 消耗量→单价→损耗率

9. 已知第一季度至第四季度的成本降低数分别为 92.10 万元、95.82 万元、102.32 万元、108.30 万元，以第一季度作为基期，则第四季度的基期指数为________。

A. 104.04　　B. 111.10　　C. 117.59　　D. 105.84

10. 已知第一季度至第四季度的成本降低数分别为 92.10 万元、95.82 万元、102.32 万元、108.30 万元，以第一季度作为基期，则第四季度的环比指数为________。

A. 104.04　　B. 106.78　　C. 105.84　　D. 117.59

二、案例分析题

1. 某商业楼外墙装饰工程干挂花岗石，目标成本为 166960 元，实际成本为 193800 元，比成本目标增加 26940 元，根据下表的资料，用因素分析法分析其成本增加的原因：

项目名称	单　位	计　划	实　际	差　额
产量	m^2	900	950	+50
单价	元/m^2	180	200	+20
损耗率	%	3	2	−1
成本	元	166860	193800	+26940

2. 某工程项目施工工期为 10 个月，业主（发包人）与施工单位（承包人）签订的合同中关于工程价款的内容：

① 工程造价1200万元。

② 工程预付款为工程造价的20%。

③ 扣回工程预付款及其他款项的时间、比例：从工程款（含预付款）支付至合同价款的60%后，开始从当月的工程款中扣回预付款，预付款分三个月扣回。预付款扣回比例：开始扣回的第一个月，扣回预付款的30%，第二个月扣回预付款的40%，第三个月扣回预付款的30%。

④ 工程质量保修金为工程结算价款总额（假设工程结算价总额仍为1200万元）的3%，最后一个月一次扣除。

⑤ 工程价款支付方式为按月结算。

各月完成的工作量见下表所列：

月　份	1～3	4	5	6	7	8	9	10
实际完成工作量（万元）	320	130	130	140	140	130	110	100

问题分析：

（1）该工程预付款是多少？预付款的起扣点是多少？该工程的质量保修金是多少？

（2）该工程各月应拨付的工程款是多少？累计工程款是多少？

第三节　建筑装饰工程施工进度管理

一、建筑装饰工程项目进度管理概述

建筑装饰工程项目进度管理是采用科学的方法确定进度目标，编制经济合理的进度计划，并据以检查工程项目进度计划的执行情况，及时发现和分析导致实际执行情况与计划进度不一致的原因，并采取必要的措施对原工程进度计划进行调整和修正的过程。

项目进度管理是一个动态、循环、复杂的过程，进度计划控制的每一个循环过程都包括计划、实施、检查和调整四个过程。计划是指合理编制符合工期要求的最优计划；实施是指进度计划的落实与执行；检查是指在进度计划执行过程中跟踪检查实际进度，并与计划进度对比分析，确定二者之间的关系；调整是指根据检查对比的结果，采取切合实际的调整措施，使计划进度符合新的实际情况，在新的起点上进入下一轮控制循环。如此不断循环下去，直至施工任务完成。

二、建筑装饰工程项目进度管理程序

工程项目部应按以下程序进行施工进度管理：

① 根据施工合同的要求确定施工进度目标，明确计划开工日期、计划总工期和计

划竣工日期，确定项目分期分批的开工、竣工日期。

② 编制施工进度计划，具体安排实现计划目标的工艺关系、组织关系、搭接关系、起止时间、劳动力计划、材料计划、机械计划及其他保证性计划。

③ 进行计划交底，落实责任，向监理工程师提交开工申请报告，按监理工程师开工指令确定的日期开工。

④ 实施施工进度计划。项目经理应通过施工部署、组织协调、生产调度和指挥、改善施工程序和方法的决策等，应用技术、经济和管理手段实现有效的进度管理。项目经理部要建立进度实施、控制的科学组织系统和严密的工作制度，依据工程项目进度目标体系，对施工的全过程进行系统控制。正常情况下，进度实施系统应发挥监测、分析职能并循环运行，直到施工项目全部完成。

⑤ 任务全部完成后，进行进度管理总结并编写进度管理报告。

三、建筑装饰工程项目进度管理目标体系

为有效控制建筑装饰工程的施工进度，首先要将施工进度总目标从不同角度进行层层分解，形成施工进度控制目标体系，从而作为实施进度控制的依据。在分解中，每一层次的进度管理目标都限定了下一级层次的进度管理目标，而较低层级进度管理目标又是上一级进度管理目标得以实现的保证。于是形成了一个有计划、有步骤的协调施工，长期目标对短期目标自上而下逐级控制，短期目标对长期目标自下而上逐级保证，逐步趋近总目标的局面，进而最终达到工程项目按期竣工交付使用的目的。

分解方式一般来讲，有以下四种：

① 按项目组成分解，确定各单位工程开工及交工动用日期。

② 按承包单位分解，明确分工和承包责任。

③ 按施工阶段分解，划定进度分界控制点。

④ 按计划期（年度、季度、月）分解，组织综合施工。

四、建筑装饰工程项目进度管理的措施

（1）组织措施

① 增加工作面，组织更多的施工队伍。

② 增加每天的施工时间。

③ 增加劳动力和施工机械的数量。

（2）技术措施

① 改进施工工艺和施工技术，缩短工艺技术间歇时间。

② 采用更先进的施工方法，以减少施工过程的数量。

③ 采用更先进的施工机械。

（3）经济措施

① 实行包干奖励。

② 提高奖金数额。

③ 对所采取的技术措施给予相应的经济补偿。

（4）其他配套措施

① 改善外部配合条件。

② 改善劳动条件。

③ 实施强有力的调度等。

五、建筑装饰工程项目施工进度计划的实施

施工进度计划逐步实施的过程就是施工项目逐步完成的过程，为保证施工进度计划的实施，应做好如下工作：

1. 施工进度计划的审核

项目经理应进行施工进度计划的审核工作，其主要内容包括：

① 进度安排是否符合施工合同中确定的工程项目总目标和分目标，是否符合开工、竣工日期的规定。

② 施工进度计划里的项目是否有遗漏，分期施工是否满足分批交工的需要和配套交工的要求。

③ 施工顺序的安排是否合理。

④ 资源供应计划是否能保证施工进度的实现，是否供应均衡，分包人供应的资源是否能满足进度的要求。

⑤ 总、分包人的进度计划之间是否协调，专业分工与计划的衔接是否明确、合理。

⑥ 对实施进度计划的风险是否分析清楚，是否有相应的对策。

⑦ 各项保证施工进度计划实现的措施是否周到、可行、有效。

2. 施工进度计划的贯彻

（1）检查各层次的计划，形成严密的计划保证体系

包括施工总进度计划、单位工程施工进度计划、分部分项工程施工进度计划等在内的所有施工进度计划都是围绕一个总任务而编制的，它们之间的关系是高层次计划为低层次计划的依据，低层次计划为高层次计划的逐级具体化。在其贯彻执行时，应首先检查是否协调一致，计划目标是否层层分解、互相衔接，组成一个计划实施的保证体系，以施工任务书的形式下达施工队以保证实施。

（2）层层明确责任

项目经理、施工队和施工作业班组之间分别签订承包合同，按计划目标明确规定合同工期，相互承担的经济责任、权限和利益，或采取下达施工任务书的方式将作业

下达到施工班组，明确具体施工任务、技术措施、质量要求等内容，使施工班组必须保证按作业计划时间完成规定的任务。

（3）进行计划的交底，促进计划的全面、彻底实施

施工进度计划的实施，需要全体人员的共同行动，要使相关人员都明确各项计划的目标、任务、实施方案和措施，使管理层与作业层协调一致。在计划实施前要根据计划的范围进行交底工作，使计划得到全面、彻底的实施。

3. 施工进度计划的实施细则

（1）编制施工作业计划

因工程施工是个复杂的过程，施工进度计划难以一次安排好未来施工活动中的全部细节，所以施工进度计划很难作为直接下达施工任务的依据，还必须要更符合当时情况、更细致具体的短时间的计划，这就是施工作业计划。

施工作业计划一般可分为月作业计划和旬作业计划。月（旬）作业计划见表 4-3 所列。

表 4-3　月（旬）作业计划表

编号	工程地点及名称	计量单位	月计划				上旬		中旬		下旬		形象进度要求					
			数量	单价	定额	天数	数量	天数	数量	天数	数量	天数	1	2	3		29	30

（2）签发施工任务书

编制好月（旬）作业计划后，将每项具体任务通过签发施工任务书的形式使其进一步落实。施工任务书是给施工班组下达任务、实行责任承包、全面管理和原始记录的综合性文件。施工任务书是计划和实施的纽带，施工班组必须保证指令任务的完成。

施工任务书包括施工任务单、限额领料单和考勤单。施工任务单的内容有分项工程施工任务说明、工程量、劳动量、开工日期、完工日期、工艺、质量、安全要求等；限额领料单是控制施工班组领用材料的依据，应具体规定材料的名称、规格、型号、计量单位、数量以及领用记录、退料记录等；考勤单按班组人名排列，用来对班组人员进行考勤登记。

（3）做好施工记录，填好施工进度统计表

各级施工进度计划的执行者都应该跟踪做好施工记录，并填好相关图表，为施工项目进度检查分析提供充分的信息。

（4）做好施工中的调度工作

施工中的调度工作是组织施工过程中各阶段、各环节、各专业和各工种之间的

互相配合、进度协商的指挥核心。调度工作主要内容：监督作业计划的实施，调整、协调各方面的进度关系；监督和检查施工准备工作；督促资源供应单位按计划供应劳动力、施工机具、运输车辆、材料、构配件等，并对临时出现的问题采取调配措施；按施工平面图管理施工现场，结合实际情况进行必要调整，保障文明施工；了解水、电、气等情况，采取相应防范和保证措施；及时发现和处理施工中各种事故和意外事件；定期、及时召开施工现场调度会议，贯彻施工项目主管人员的决策，发布调度令。

六、建筑装饰工程项目施工进度计划的检查和调整

为了进行进度控制，进度控制人员应经常地、定期地跟踪检查施工实际进度情况。其主要工作包括：

1. 跟踪检查实际进度情况

跟踪检查实际进度情况的目的是收集实际施工进度的有关数据，是项目施工进度控制的关键措施，跟踪检查的时间和收集数据的质量直接影响到施工进度控制工作的质量和效果。

一般跟踪检查的时间间隔通常确定为每月、半月、旬或每周进行一次，甚至可以每日进行检查，或派驻人员现场督导；检查和收集资料的方式一般采用进度报表方式或定期召开进度工作汇报会。根据不同需要，进行日检查或定期检查的内容包括：

① 实际完成和累计完成的工程量。

② 实际参加施工的人数、机械数量和生产效率。

③ 窝工人数、窝工机械台班数及其原因分析。

④ 进度偏差的情况。

⑤ 进度管理情况。

⑥ 影响进度的特殊原因及其分析。

2. 整理统计检查数据

将收集到的施工项目实际进度数据进行必要的整理，按计划控制的工作项目进行统计，构成与计划进度具有可比性的数据、相同的量纲和形象进度。

3. 对比实际进度与计划进度

将收集的资料整理和统计为具有与计划进度有可比性的数据后，用施工项目的实际进度和计划进度的比较方法进行对比。常用的比较方法有横道图比较法、S形曲线比较法、香蕉曲线比较法、前锋线比较法等。

4. 检查结果的处理

施工进度检查的结果按照检查报告制度的规定形成进度控制报告，向有关主管人员和部门汇报。

进度控制报告的主要内容：项目实施概况、管理概况、进度概要的总说明，项目施工进度、形象进度及简要说明，施工图纸提供进度，材料、物资、构配件供应进度，劳务记录及预测，日历计划，相关变更指令，进度偏差的状况和导致偏差的原因分析及解决措施，计划调整意见等。

实际进度与计划进度产生偏差时，如果不能及时纠正，势必影响到进度目标的实现。因此，需要采取相应措施来进行调整管理，对保证计划目标的顺利实现具有重要意义。一般采用的方法有两种：一是改变工作之间的逻辑关系；二是缩短某些工作的持续时间。

练习与思考

一、单项选择题

1. 工程项目进度管理目标体系应在________的基础上形成。

A. 项目定义　　B. 项目分解　　C. 项目规划　　D. 项目实施

2. 工程项目进度管理的________涉及对实现进度目标有利的施工技术方案的选用。

A. 组织措施　　B. 管理措施　　C. 经济措施　　D. 技术措施

3. 不属于施工进度计划的实施细则的是________。

A. 签发施工任务书　　B. 编制施工作业计划

C. 编制施工组织设计　　D. 做好施工中的调度工作

4. 由于项目实施过程中主观和客观条件的变化，进度控制必须是一个________的管理过程。

A. 静态　　B. 动态　　C. 经常　　D. 主动

5. 施工项目进度计划检查的内容包括：①整理统计检查数据；②对比实际进度与计划进度；③进度检查结果的处理；④跟踪检查施工实际进度。其工作顺序是________。

A. ①②③④　　B. ②①④③　　C. ④①②③　　D. ③②①④

二、案例分析题

某建筑装饰工程项目，在施工过程中通过检查分析发现原有进度计划已不能适应实际情况，为了确保进度控制目标的实现，必须对原有计划进行调整，以形成新的进度计划，作为进度控制的新依据。

问题分析：

（1）施工进度计划调整的具体方法有哪两种？

（2）通过缩短网络计划中关键线路上工作的持续时间来缩短工期的具体措施有哪几种？

第四节　建筑装饰工程施工质量管理

一、建筑装饰工程质量的基本概念

1. 质量

《质量管理体系基础与术语》（GB/T 19000—2016）关于“质量”的定义：一种固有特性满足要求的程度。

质量不仅仅指产品质量，也指某项活动或过程的工作质量，还可以是质量管理体系运行的质量。质量要求是动态的、发展的和相对的，随时间、地点、环境的变化而变化。

2. 施工质量

施工活动及其产品的质量即为施工质量，即通过施工使工程满足业主需要并符合国家法律法规、技术规范、标准、设计文件及合同规定的要求。

建筑装饰工程作为一种特殊的产品，具有一般产品共有的质量特性，如性能、寿命、可靠性、安全性、经济性等满足社会需要的使用价值及其属性，也具有其特别的内涵。

二、建筑装饰工程质量管理概述

《质量管理体系基础与术语》（GB/T 19000—2016）关于“质量管理”的定义：质量管理是指在质量方面指挥和控制组织的协调活动，包括制定质量方针和质量目标，以及通过质量策划、质量控制、质量保证和质量改进实现这些质量目标的过程。可见，质量管理就是确定和建立质量方针、质量目标及职责，并在质量管理体系中通过质量策划、质量控制、质量保证和质量改进等手段来实施和实现全部质量管理职能的所有活动。

建筑装饰工程的质量管理是建筑装饰工程在施工进行和施工验收阶段，指挥和控制工程相关施工组织关于施工质量的相互协调的活动，使工程项目施工围绕着使产品质量满足不断更新的质量要求而开展的策划、组织、计划、实施、检查、监督和审核等所有管理活动的总和。

建筑装饰工程的质量管理应普及到施工项目的各个环节，是项目施工各级职能部门领导的职责，并由工程的施工项目经理负全责。

三、建筑装饰工程施工质量管理体系

1. 施工质量保证体系

质量保证体系是为使人们确信该产品或服务能满足给定的质量要求所必需的全部

有计划、系统的活动。

建筑装饰工程质量保证体系是指以控制建筑装饰工程施工产品质量为目标，从施工准备、施工生产到竣工交付的全过程运用系统的概念和方法，在全体人员的参与下建立一套严密、协调、高效的全方位的管理体系。建筑装饰工程质量保证体系是建筑装饰企业内部的一种管理手段，在合同环境下，也是施工单位取得建设单位信任的手段。

施工质量保证体系的主要内容有：

① 项目施工质量目标。以工程施工合同为依据，符合施工质量总目标的要求。其目标的分解主要通过时间角度——实施全过程的控制，以及空间角度——实施全方位和全员的控制展开。

② 项目施工质量计划。根据企业的质量手册和项目质量目标编制，可分为施工质量工作计划和施工质量成本计划。

③ 思想保证体系。用全面质量管理的思想、观点和方法，使全体人员真正树立强烈的质量意识。

④ 组织保证体系。建立健全各级质量管理组织，分工负责，形成一个有明确任务、职责、权限并互相协调、互相促进的有机整体。

⑤ 工作保证体系。明确工作任务和建立工作制度，落实施工准备阶段、施工阶段、竣工验收阶段三个阶段的质量控制工作。

施工质量保证体系的运行应以质量计划为主线，以过程管理为重心，通过计划(Plan)、实施（Do)、检查（Check)、处置（Action）的步骤，即PDCA循环的原则展开控制。其中，质量管理的计划职能是质量管理的首要环节，通过计划确定质量管理的方针、目标以及实现方针、目标的措施和行动方案。实施包含计划行动方案的交底和按计划规定的方法及要求展开的施工作业技术活动。在质量活动的实施过程中，要依靠质量保证工作体系、组织体系和质量控制体系。检查一般有两方面内容：一是检查是否严格执行了计划的行动方案，实际条件是否发生了变化，总结成功执行的经验，查明没按计划执行的原因；二是检查计划执行的结果，对是否达到标准的要求进行确认和评价。处置包括纠错和预防改进两个方面，纠错是采取应急措施，解决当前的质量偏差、问题或质量事故；预防改进是指提出目前质量状况信息并反馈给管理部门，反思问题症结，确定改进目标和措施，为今后类似问题的预防提供借鉴。

2. 施工质量管理体系

建立完善的施工质量管理体系并使之有效地运行是企业质量管理的核心。

质量管理体系一般分为三个阶段，即质量管理体系的建立、质量管理体系文件的编制以及质量管理体系的实施运行。质量管理体系的文件主要由质量手册、程序文件、质量计划和质量记录等构成。

企业质量体系的认证由具有公正的第三方认证机构依据质量管理体系的要求和标准，审核质量管理体系要求的符合性和实施的有效性，进行独立、客观、公正、科学的评价，得出结论，按申请、审核、审批和注册发证等程序进行。目前企业获准认证有效期为三年，在此期间，企业应经常进行内部审核，保持质量体系的有效性。

四、建筑装饰工程施工质量控制

建筑装饰工程施工质量控制是质量管理的一部分，致力于满足质量要求。其目的是确保建筑装饰工程施工质量能满足有关方面提出的质量要求，并且范围涉及施工质量形成全过程的各个环节。

1. 建筑装饰工程施工质量控制的基本内容和方法

建筑装饰工程施工质量控制的基本内容包括质量文件的审核和现场质量检查。审核有关技术文件、报告或报表是项目经理对工程质量进行全面管理的重要手段；现场质量检查包括开工前的检查、工序交接检查、隐蔽工程检查、停工后复工的检查、分项（分部）工程完工后的检查以及成品保护的检查。

质量检查的方法一般有目测法（看、摸、敲、照）、实测法（靠、量、吊、套）和试验法（理化试验、无损试验等）。

2. 建筑装饰工程施工质量控制的依据

建筑装饰工程施工质量控制的依据包括共同性依据和专门技术法规性依据。共同性依据是指适合建筑装饰工程施工阶段，且与质量管理有关的、通用的、具有普遍指导意义和必须遵守的基本条件，如合同文件、设计文件、《中华人民共和国建筑法》等；专门技术法规性依据是指针对不同行业和不同质量控制对象制定的专业性的专门技术法规文件，如建筑装饰装修工程质量检验评定标准，有关新技术、新工艺的质量规定和鉴定意见等。

3. 建筑装饰工程施工质量控制的特点

① 控制因素多。

② 控制难度大。

③ 过程控制要求高。

④ 终检局限大。

4. 建筑装饰工程施工质量控制的基本环节

建筑装饰工程施工阶段的质量控制是由投入资源的质量控制（即施工项目的事前主动质量控制），进而对施工过程及各个环节质量进行控制（即施工项目的事中质量控制），直到对所完成的产品质量检验与控制（即施工项目最后的事后质量控制）为止的全过程的系统控制过程。因此，建筑装饰工程施工阶段的质量控制可以根据施工项目实体质量形成的不同阶段划分为事前控制、事中控制和事后控制。

（1）建筑装饰工程项目的事前质量控制

建筑装饰工程项目的事前质量控制是指正式施工前的质量控制，通过编制施工质量计划，明确质量目标，制定施工方案，设置质量管理点，落实质量责任，分析可能导致质量偏离的各种影响因素，具体可包括以下内容：

① 技术准备的质量控制。它是指建筑装饰工程正式开展施工活动前进行的技术准备工作。主要包括：熟悉和审查施工图纸，做好设计交底和图纸会审，对建设项目的自然条件、技术经济条件进行调查分析；编制施工项目管理的实施规划并进行审查；制订施工质量控制计划，设置质量控制点（质量控制点指根据施工项目的特点，为保证工程质量而确定的重点控制对象、关键部位或薄弱环节），明确关键部位的质量管理点。

② 现场施工准备的质量控制。首先是工程定位和标高基准的控制。工程测量放线是工程由设计转化为实物的第一步，测量质量的好坏直接影响工程的质量，并且制约施工过程的有关工序的质量。因此，施工单位必须对建设单位提供的原始基准点、基准线和标高等测量控制点进行复核，并将测量结果上报监理工程师审核，经批准后施工单位才可能建立施工测量控制网，进行工程定位和标高基准的控制。

建设单位应按合同约定并考虑施工单位施工的需要，事先划定并提供施工占用和使用现场的用地范围。施工单位要合理科学地使用规划好的施工场地，应制定施工现场质量管理制度，并做好施工现场的质量检查记录。

③ 材料、构配件的质量控制。要做好采购订货的质量控制。建筑装饰工程施工单位应制订科学合理的材料加工、运输的组织计划，掌握相应的材料信息，优选供货的厂家，建立严密的计划、调度、管理体系，确保材料的供应质量。材料商对材料或产品必须提供出厂合格证或质量证明书。对与功能密切相关的材料（如饰面石材、涂料等）必须提供《建设工程材料备案证明》，对建筑安全玻璃、瓷质砖、电线电缆等需实施强制性产品认证。

还要做好对进场材料的质量控制。凡运到施工现场的材料、半成品或构配件要进行检验或试验，经抽查合格后方能允许进入施工现场；凡涉及工程安全及使用功能的材料应按各专业工程质量验收规范规定进行复验，并应经监理工程师或建设单位负责人检查认可。同时必须加强材料的储存和使用的质量控制，避免材料变形变质和使用规格、性能不符合要求的材料而造成工程质量事故。

④ 施工分包单位的选择和资质的控制。对分包单位资质和能力的控制是保证建筑装饰工程施工质量的重要方面，确定分包内容、选择分包单位和分包方式既直接关系到施工总承包方的利益和风险，更关系到建筑装饰工程质量的保证问题。因此，施工总承包企业必须有健全的分包选择程序制度，同时，按我国现行法规规定，在订立分包合同前，施工单位必须将所联络的分包单位情况报送项目监理结构进行资格审查。

（2）建筑装饰工程项目的事中质量控制

建筑装饰工程项目的事前质量控制是指工程施工过程中的质量控制，具体可包括以下内容：

① 技术交底。做好技术交底工作是保证建筑装饰工程施工质量的重要措施之一。技术交底应由项目技术人员编制，并经项目技术负责人批准实施。作业前应由项目技术负责人向承担施工的负责人或分包人进行书面技术交底。技术交底资料应办理签字手续并归档保存。

技术交底的内容主要有施工方法、质量标准和验收标准、施工中应注意的问题、可能出现意外的措施及应急方案、文明施工和安全措施要求以及成品保护等。交底的方式则有书面、口头、会议、挂牌、样板、示范操作等。

② 测量控制。在施工过程中应对设置控制点线妥善保护，不准擅自移位。同时，在施工过程中必须认真进行施工测量复核工作，其复核结果应报送监理工程师复核确认后，方能进行后续工序的施工。

③ 计量控制。它是建筑装饰工程施工项目开展质量管理的一项重要基础工作，是保证施工质量的重要手段和方法。施工过程中的计量工作包括施工生产时的投料计量、施工测量、监测计量及对项目、产品或过程的测试、检验、分析计量等。

计量控制的工作重点：建立计量管理部门和配备计量人员，建立健全和完善计量管理的规章制度，严格按规定有效控制计量机具的使用、保管、维修和检验，监督计量过程的实施，保证计量的准确性。

④ 工序施工质量控制。建筑装饰工程的施工过程是由一系列相互联系和制约的工序组成，工序是人、材料、机械设备、施工方法和环境因素对工程质量综合起作用的过程，所以对施工过程的质量控制必须以工序质量控制为基础和核心。工序施工质量控制主要包括工序施工条件质量控制和工序施工效果质量控制。

工序施工条件是指从事工序活动的各生产要素质量及生产环境条件。工序施工条件质量控制就是控制工序活动的各种投入要素质量和环境条件质量。控制的依据主要有设计质量标准、材料质量标准、机械设备技术性能、施工工艺标准及操作规范等。

工序施工效果主要反映工序产品的质量特征和特性指标。对工序施工效果的质量控制就是控制工序产品的质量特性和特性指标，使其达到设计质量标准及施工质量验收标准的要求。

⑤ 特殊过程的质量控制。特殊过程指在建筑装饰工程施工过程或工序中，施工质量不易或不能通过其后的检验和试验而得到充分验证的过程，或者万一发生质量事故则难以挽救施工对象的过程。特殊过程的质量控制是施工阶段质量控制的重点，对在施工质量计划中界定的特殊过程，应设置工序质量控制点，抓住影响工序施工质量的主要因素进行强化控制。为保证质量控制点目标的实现，特殊过程质量控制的管理应

严格按照三级检查制度（自检、互检、专检）进行检查控制。

质量控制点的选择应以那些保证质量难度大、对质量影响大或是发生质量事故时危害较大的对象进行设置。具体选择原则：对工程质量形成过程产生直接影响的关键部位、工序及隐蔽工程；施工过程中的薄弱环节，或质量不稳定的工序、部位或对象；对下道工序有重大影响的上一道工序；采用新技术、新材料、新工艺的部位或环节；施工上无把握的、施工条件较困难的或技术难度较大的工序或环节；用户反馈意见多和过去有过返工的不良工序。

（3）建筑装饰工程项目的事后质量控制

建筑装饰工程项目的事后质量控制主要指进行已完工施工的成品保护、质量验收以及不合格的处理以保证最终的工程质量。控制的重点是发现施工质量方面的缺陷，并通过分析提出质量改进的措施，保持质量处于可控状态。

① 施工成品保护的控制。已完工施工的成品保护问题和措施，在建筑装饰工程施工组织设计与计划阶段就应该从施工顺序上予以考虑，防止施工顺序不当或交叉作业造成相互干扰、污染和损坏影响整体工程质量。成品形成后可采取防护、覆盖、封闭、包裹等相应措施进行保护。

② 施工质量检查验收。施工质量检查验收作为事后控制的途径，强调按照施工质量验收统一标准规定的质量验收划分，从施工作业工序开始，依次做好检验批、分项工程、分部工程及单位工程的施工质量验收。通过多层次设防把关，严格验收，控制工程项目的质量目标。

③ 竣工质量验收。建筑装饰工程竣工质量验收可分为竣工验收的准备阶段、初步验收阶段和正式验收阶段。参与工程项目建设的各方（包括建设单位、监理工程师、施工单位、设计单位等）都应做好竣工验收的准备工作。

当建筑装饰工程项目达到竣工验收条件后，施工单位在自检合格的基础上，填写工程竣工报验单，并将全部资料报送监理单位，申请竣工验收。经监理单位检查验收合格后，由总监理工程师签署工程竣工报验单，并向建设单位提出质量评估报告。当初步验收检查结果符合竣工验收要求时，监理工程师应将施工单位的竣工申请报告报送建设单位，着手组织设计、施工、监理等单位和其他方面的专家组成竣工验收小组并制定验收方案。

五、建筑装饰工程施工质量检查与验收

1. 建筑装饰工程施工质量检查

建筑装饰工程施工质量检查是在建筑装饰工程施工质量形成的全过程中，专业质量检查员对所施工的工程项目或产品实体质量及工艺操作质量进行实际而及时的测定、检查等活动。通过质量检查，防止不合格工程或产品进入下一个施工活动或进入用户

手中，把发生或可能发生的质量问题解决在施工过程中，并通过质量检查得到反馈的质量信息，发现存在的质量问题，采取有效措施进行处理和整改，确保工程或产品质量的稳定与提高。

（1）质量检查的依据

① 国家颁发的工程施工质量验收统一标准、专业工程施工质量验收规范等。

② 原材料、半成品、构配件的质量检验标准。

③ 设计图纸、施工说明等有关设计文件。

（2）质量检查的内容

① 全数检查。它是对建筑装饰工程产品进行逐项的全部检查。这种检查方法工作量大、花费时间长，但检查结果真实、准确、可靠，往往在对关键性或质量要求特别严格的检验批和分项分部才采用。

② 抽样检查。它是在建筑装饰工程施工过程中，对检验批、分部分项工程按一定比例从总体中抽取出来一部分子样检查分析，以此判断总体的质量情况，这种检查方法相比于全数检查，具有投入人力少、花费时间短和检查费用低的优点。

2. 建筑装饰工程施工质量验收

建筑装饰工程施工质量验收是对已完工工程实体的内在和外观施工质量按规定程序检查后，确认其是否符合设计及各项验收标准的要求，是否可交付使用的一个重要环节。正确地进行工程质量的检查评定和验收是保证工程质量的重要手段。

（1）质量验收的划分

工程质量验收应划分为单位（子单位）工程、分部（子分部）工程、分项工程和检验批。

（2）建筑装饰工程质量验收

① 检验批质量验收。分项工程分为一个或几个检验批来验收，检验批合格质量应符合以下规定：

a. 主控项目和一般项目的质量经抽样检验合格

主控项目是工程中对安全、卫生、环境保护和公众利益起决定作用的检验项目，除主控项目以外的其他检验项目则为一般项目。主控项目是对检验批的基本质量起决定性影响的检验项目，所以，主控项目的验收须从严要求，不允许有不符合要求的检验结果，其检查具有否决权。

b. 具有完整的施工操作依据和质量检验记录

② 分项工程质量验收。分项工程应由监理工程师（建设单位项目技术负责人）组织施工单位项目专业质量（技术）负责人进行验收；分项工程所含的检验批均应符合合格质量的规定；分项工程所含的检验批的质量验收记录完整。

分项工程质量的验收是在检验批验收的基础上进行，是一个统一的过程，没有直接的验收内容，所以在验收分项工程时应注意：一是核对检验批的部位、区段是否全部覆盖分项工程的范围，无遗漏；二是检验批验收记录的内容及鉴定人是否正确、齐全。

③ 分部（子分部）工程质量验收。分部工程应由总监理工程师（建设单位项目负责人）组织施工单位项目负责人和技术、质量负责人等进行验收。设计单位工程项目负责人和施工单位技术、质量部门负责人也应参加相关分部工程验收；分部工程所含分项工程的质量均应验收合格；质量控制资料应完整；观感质量验收应符合质量要求。

分部（子分部）工程的验收在其所含各分项工程验收的基础上进行。首先分部工程的各分项工程已经验收且相应的质量控制资料必须完整，这是验收的基本条件。在此基础上，还需要对涉及安全与使用功能的分部工程进行见证取样试验或抽样检测；而且需要对其观感质量进行验收，并综合给出质量评价，观感差的检查点应通过返修处理等补救。

④ 单位（子单位）工程质量验收。单位（子单位）工程所含分部（子分部）工程的质量均应验收合格；质量控制资料应完整；单位（子单位）工程所含分部（子分部）工程有关安全和功能的检测资料应完整；重要功能项目的抽查结果应符合相关专业质量验收规范的规定；观感质量应符合要求。

单位（子单位）工程质量验收是工程投入使用前的最后一次质量验收，也是最重要的一次验收。除构成单位工程各分部工程应该合格，并且有关的资料文件应完整外，还应加上上述③、④条的验收内容。

（3）施工过程质量不合格的处理

施工过程的质量验收是以检验批的施工质量为基本验收单元。检验批质量不合格可能是由于使用材料不合格，或施工作业质量不合格，或质量控制资料不完整等原因所致，其处理方式有：

① 在检验批验收时，对严重缺陷应推倒重来，一般缺陷通过返工返修或更换器具、设备后重新验收。

② 当个别检验批发现质量不满足要求，但难以确定是否验收时，应请具有资质的法定检测单位鉴定。当鉴定结果能够达到设计要求时，应通过验收。

③ 经有资质的法定检测单位鉴定达不到设计要求，但经原设计单位核算认可，能够满足安全和使用功能的检验批，可予以验收。

④ 严重质量缺陷或超出检验批范围的缺陷，采取返修或加固等方法能满足安全使用需要时，可按技术处理方案和协商文件进行验收，但责任方应承担相应的经济责任。

⑤ 通过返修或加固处理仍然不能满足安全使用要求的分部工程、单位（子单位）工程严禁验收。

(4) 建筑装饰工程质量验收程序和组织

① 检验批及分项工程应由监理工程师（建设单位项目技术负责人）组织施工单位项目专业质量（技术）负责人等进行验收。

② 分部工程应由总监理工程师（建设单位项目负责人）组织施工单位项目负责人和技术、质量负责人等进行验收。

③ 单位工程完工后，施工单位应自行组织有关人员进行检查评定，并向建设单位提交工程验收报告。

④ 建设单位收到竣工验收报告后，应由建设单位项目负责人组织施工（含分包单位）、设计、监理等单位项目负责人进行单位（子单位）工程验收。建设单位应在工程竣工验收 7 个工作日前将验收的时间、地点以及验收组名单书面通知当地工程质量监督站。

⑤ 召开竣工验收会议的程序：首先由建设单位、设计单位、施工单位、监理单位分别汇报工程合同履行情况和在工程建设各个环节遵守执行法律、法规和工程建设强制性标准的情况；其次审阅建设单位、设计单位、施工单位、监理单位的工程档案资料；再次实地检验工程质量；最后对工程设计、施工、设备安装质量和各管理环节等方面作出全面评价。

⑥ 单位工程由分包单位施工时，分包单位对所承包的工程项目应按建筑装饰工程施工质量验收统一标准规定的程序检查评定，总包单位应派人参加。分包工程完成后，应将工程有关资料交总包单位。

⑦ 当参加验收各方对质量验收结果意见不一致时，可请当地建设行政主管部门或工程质量监督机构协调处理。

⑧ 单位工程质量验收合格后，建设单位应在规定时间内将竣工验收报告和有关文件报建设行政主管部门备案。

六、建筑装饰工程施工质量事故的处理

1. 工程质量事故的概念

凡工程产品没有能满足某个规定的要求，就称之为“不合格”；凡是工程质量不合格，必须进行返修、加固或报废处理，由此造成直接经济损失低于 5000 元的被称为“质量问题”，高于 5000 元（含）的被称为“质量事故”。

2. 工程质量事故的分类

工程质量事故具有复杂性、严重性、可变性和多发性，其分类方法有很多，一般可按下列条件进行分类：

(1) 按事故严重程度分类

① 一般质量事故。经济损失在 5000 元（含）～5 万元，或影响使用功能、工程结

构安全，造成永久性质量缺陷的。

② 严重质量事故。直接经济损失在5万元（含）～10万元，或严重影响使用功能、工程结构安全，存在重大质量隐患的，或事故性质恶劣，造成2人以下（含）重伤的。

③ 重大质量事故。直接经济损失在10万元（含）～500万元，工程倒塌或报废，或由于质量事故造成人员死亡，或3人以上（含）重伤的。

④ 特别重大质量事故。凡具备国务院发布的《特别重大事故调查程序暂行规定》，发生一次死亡30人及其以上的，或直接经济损失在500万及以上的，或其他性质特别严重的情况之一，均属特别重大事故。

（2）按事故责任分类

① 指导责任事故。由于工程实施指导或领导失误而造成的质量事故。

② 操作责任事故。由于操作者在施工过程中不按规程或标准实施操作而造成的质量事故。

（3）按事故产生的原因分类

① 技术原因引发的质量事故。如采用了不适宜的施工工艺或施工方法。

② 管理原因引发的质量事故。管理上的不完善或失误引发的质量事故。

③ 社会、经济原因引发的质量事故。如盲目追求利润而不顾工程质量的不正之风引起错误行为而导致的质量事故。

3. 建筑装饰工程施工质量事故处理的基本方法

① 修补处理。如涂饰表面出现的裂纹。

② 加固处理。主要针对危及承载力的质量缺陷的处理。

③ 返工处理。不具备补救可能性时必须采用返工的处理。

④ 限制使用。无法返工处理的情况下，可作出限制使用的决定。

⑤ 不做处理。某些工程质量问题虽未达到规定的要求或标准，但其情况不严重，对工程和结构使用及安全影响很小，可不做专门处理。

⑥ 报废处理。出现质量事故的工程，通过分析或实践，采取上述处理方法后仍不能满足规定的质量要求或标准，则必须予以报废处理。

练习与思考

一、单项选择题

1. 质量控制是质量管理的一部分，致力于满足________。

A. 质量方针　　　　B. 质量目标

C. 质量要求　　　　D. 体系有效运行

2. 建立完善的________并使之有效地运行是企业质量管理的核心。

A. 设计文件　　B. 合同文件

C. 质量管理体系　　D. 施工组织设计

3. PDCA 循环的含义为________。

A. 计划—检查—实施—处置　　B. 计划—实施—检查—处置

C. 计划—检查—处置—实施　　D. 计划—处置—检查—实施

4. 施工过程是由一系列相互关联和制约的工序构成，对施工过程的质量控制必须以________为基础和核心。

A. 工序操作检查　　B. 工序质量预控

C. 工序质量控制　　D. 隐蔽工程作业检查

5. 工序质量控制包括对________的控制。

A. 施工工艺和操作规程

B. 工序施工条件质量和工序施工效果质量

C. 施工人员行为

D. 质量控制点

6. 特殊过程质量控制应以________的控制为核心。

A. 质量控制点　　B. 施工预检

C. 工序质量　　D. 隐蔽工程和中间验收

二、多项选择题

1. 下列各项属于建筑装饰工程特点的有________。

A. 影响质量的因素多　　B. 质量波动大

C. 质量隐蔽性　　D. 终检的局限性

E. 采用一般的方法检验即可

2. 下列各项属于建筑装饰工程事前质量控制的有________。

A. 熟悉和审查施工图纸，做好设计交底和图纸会审

B. 编制施工项目管理的实施规划并进行审查

C. 计量控制

D. 工程定位和标高基准的控制

E. 施工分包单位的选择和资质的审查

3. 下列各项属于建筑装饰工程事中质量控制的有________。

A. 熟悉和审查施工图纸，做好设计交底和图纸会审

B. 进行技术交底

C. 工序施工质量控制

D. 测量控制

E. 施工分包单位的选择和资质的审查

4. 下列各项属于建筑装饰工程事后质量控制的有________。

A. 对工程项目地点的自然条件、技术经济条件进行调查分析

B. 特殊过程的控制　　C. 施工成品保护的控制

D. 施工质量检查验收　　E. 工程项目竣工质量验收

三、案例分析题

某装饰公司通过招投标承揽某教学楼建筑室内外装饰工程项目。在整个建设项目中，该装饰工程被划分为一个单位工程，该公司将其中的外墙幕墙工程、抹灰工程等分部工程分包给一些专业承包单位。各专业工程陆续开展工程质量检查、验收与评定工作。在对外墙幕墙工程验收时，发现有几个支承装置不符合设计要求，经原设计单位重新核算，不能满足受力强度要求。

问题分析：

（1）在工程质量管理上，本案例分包单位与总包单位的关系如何？

（2）针对本案例支承装置问题，说明分部工程不符合要求时应如何进行处理。

（3）该单位工程质量验收评定应如何组织？

第五节　建筑装饰工程职业健康安全与环境管理

一、建筑装饰工程职业健康与环境管理概述

世界经济的快速增长和科学技术的发展给人类带来了一系列问题，市场竞争日趋激烈，人们往往专注于追求低成本、高利润，而忽视了劳动者的劳动条件和环境的改善，甚至以牺牲劳动者的职业健康安全和破坏人类赖以生存的自然环境为代价，生产事故和劳动疾病有增无减，资源的过度开发和利用以及由此产生的废弃物使人类面临巨大的挑战。因此，在建筑装饰工程施工过程中，要引入和加强职业健康安全和环境管理。

1. 职业健康安全与环境管理的目的

建筑装饰工程职业健康安全管理的目的是防止和减少生产安全事故，保护劳动者的健康与安全，保障人民群众的生命和财产免受损失。控制影响工作场所内所有人员健康和安全的条件和因素，考虑和避免因管理不当对员工的健康和安全造成的危害。

建筑装饰工程环境管理的目的是保护生态环境，使社会的经济发展与人类的生存

环境相协调。控制作业现场的各种粉尘、废水、废气、固体废弃物以及噪声、振动对环境的污染和危害，考虑能源节约和避免资源的浪费。

2. 职业健康安全与环境管理的任务

建筑装饰产品生产组织（企业）根据自身的实际情况制定方针，并为实施、实现、评审和保持（持续改进）方针来建立组织机构、策划活动、明确职责、遵守有关法律法规和惯例，编制程序控制文件，实行过程控制并提供人员、设备、资金和信息资源，保证职业健康安全和环境管理任务的完成。

3. 职业健康安全与环境管理的特点

① 建筑装饰工程手工作业与湿作业多，对施工人员的职业健康安全影响较大，环境污染因素多，从而导致施工现场的职业健康安全与环境管理比较复杂。

② 建筑装饰工程施工形式的多样化决定了职业健康安全与环境管理的多样性。

③ 建筑装饰工程市场在供大于求的情况下，业主经常会压低标价，造成施工单位对职业健康安全与环境管理费用投入的减少，不符合职业健康安全与环境管理有关规定的现象时有发生。

④ 建筑装饰工程施工涉及的内部专业多、外界单位广、综合性强，这就要求施工方要做到各专业、各单位之间互相配合，共同注意施工过程中接口部分的职业健康安全与环境管理的协调性。

⑤ 建筑装饰工程施工人员文化素质偏低，并处于动态调整的不稳定状态中，从而给现场的职业健康安全与环境管理带来很多不利因素。

二、建筑装饰工程项目职业健康安全管理

建筑装饰企业应遵照《职业健康安全管理体系》（GB/T 28001—2011）要求，坚持安全第一、预防为主、防治结合的方针，建立并持续改进职业健康安全管理体系。项目经理应负责工程项目职业健康安全全面管理工作，各级安全管理人员应通过相应的资质考试，持证上岗。

1. 建筑装饰工程项目职业健康安全管理概述

（1）建筑装饰工程项目职业健康安全管理的内容

建筑装饰工程项目职业健康安全管理主要有以下内容：

① 职业健康安全组织管理。

② 职业健康安全制度管理。

③ 施工人员操作规范化管理。

④ 职业健康安全技术管理。

⑤ 施工现场职业健康安全设施管理。

（2）建筑装饰工程项目职业健康安全管理的程序

建筑装饰工程项目职业健康安全管理应遵循下列程序：

① 识别并评价危险源及风险。

② 确定职业健康安全管理目标。

③ 编制并实施职业健康安全技术措施计划。

④ 职业健康安全技术措施计划实施结果论证。

⑤ 持续改进相关措施和绩效。

2. 建筑装饰工程施工过程中的危险因素防护

建筑装饰工程施工过程中的危险因素一般存在于以下几个方面：

① 安全防护工作，如脚手架作业防护、洞口防护、临边防护、高空作业防护、机械设备防护等。

② 关键特殊工序保护，如易燃易爆品、防尘、防静电的防护。

③ 特殊工种防护，如电工、焊工、架子工、机械操作工等，除一般安全教育外，还要进行专业安全技能培训。

④ 临时用电的安全系统防护，如用电总体布置，各施工阶段临时用电（电闸箱、电路、施工机具用电等）布置等。

⑤ 保卫消防工作安全系统管理，如临时消防用水、临时消防管道、消防灭火器材的布置等。

3. 确定职业健康安全管理目标

建筑装饰工程职业健康安全管理目标是根据企业的整体健康安全目标，结合所在工程项目的性质、规模、特点、技术复杂程度等实际情况，确定职业健康安全生产所要达到的目标。

（1）控制目标

① 控制和杜绝因公负伤、死亡事故的发生（负伤频率在6%以下，死亡率为0）。

② 一般事故频率控制目标（通常在6%以下）。

③ 无重大设备、火灾和中毒事故。

④ 无环境污染和严重扰民事件。

（2）管理目标

① 及时消除重大事故隐患，一般隐患整改率达到的目标（不低于95%）。

② 扬尘、噪音、职业危害作业点合格率（应为100%）。

③ 保证施工现场达到当地省（市）级文明安全工地标准。

（3）工作目标

① 施工现场实现全员职业健康安全教育，特种作业人员上岗持证率达到100%，操作人员三级职业健康安全教育率达到100%。

② 按期开展安全检查活动，隐患整改率达到“五定”要求，即定整改负责人、定

整改措施、定整改完成时间、定整改完成人、定整改验收人。

③ 必须把好职业健康安全生产的“七关”要求，即教育关、措施关、交底关、防护关、文明关、验收关、检查关。

④ 认真开展重大职业健康安全活动和施工项目的日常职业健康安全活动。

⑤ 职业健康安全生产达标合格率为100%，优良率为80%以上。

4. 职业健康安全措施的实施

（1）设置职业健康安全管理机构

① 公司职业健康安全管理机构的设置。公司应设置以法定代表人为第一责任人的职业健康安全管理机构，并根据企业的施工规模及职工人数设置专门的职业健康安全生产管理部门，并配备专职的职业健康安全管理人员。

② 项目经理部职业健康安全管理机构的设置。项目经理部是施工现场的第一线管理机构，应根据工程特点和规模，设置以项目经理为第一责任人的职业健康安全管理领导小组，其成员由项目经理、技术负责人、专职安全员、工长及各工种班组长组成。

③ 施工班组职业健康安全管理。施工班组要设置不脱产的兼职职业健康安全员，协助班组长搞好班组的职业健康安全生产管理。班组要坚持班前班后岗位职业健康安全检查、职业健康安全值日和安全日活动制度，并要认真做好班组的职业健康安全记录。

（2）职业健康安全生产教育

职业健康安全生产教育是职业健康安全管理的重要环节，是提高全员职业健康安全素质、管理水平，从而防止事故、实现职业健康安全生产的重要手段。

职业健康安全教育的要求如下：

① 广泛开展职业健康安全生产教育，使全体员工真正认识到职业健康安全生产的重要性和必要性，懂得职业健康安全生产和文明施工的科学知识，牢固树立安全第一的思想，自觉遵守各项安全生产法律法规和规章制度。

② 职业健康安全生产教育的内容应包括职业健康安全思想教育、安全知识教育、安全技能教育以及法制教育。

③ 职业健康安全教育的对象包括项目经理、项目执行经理、项目技术负责人、项目基层管理人员、分包项目负责人、分包队伍管理人员、特种操作人员、操作工人。

④ 新进工人必须进行公司、项目、作业班组三级职业健康安全教育；电工、电焊工、架子工、机械操作工等特殊工种工人，除一般安全教育外，还要经过专业安全技能培训，经考试合格持证后方可独立操作；转换施工场地的工人必须进行转场职业健康安全生产教育。

⑤ 建立经常性的职业健康安全教育考核制度，考核成绩计入员工档案。

（3）职业健康安全责任制度

建立职业健康安全责任制度是建筑装饰工程项目职业健康安全技术措施计划实施的重要保证。在职业健康安全责任制度中，企业对项目经理部及其各职能部门、各成员规定了他们对职业健康安全生产应负的责任。

（4）职业健康安全技术交底

职业健康安全技术交底是指导工人安全施工的技术措施，是建筑装饰工程职业健康安全技术方案的具体落实。在工程施工前，由项目经理部的技术人员向施工班组和作业人员进行有关工程安全施工的详细说明，并由双方签字确认。职业健康安全技术交底是操作者的法令性文件，因而要具体、明确、针对性强，不得用施工现场的职业健康安全纪律等制度代替。其主要内容有以下几点：

① 工程概况、施工特点及职业健康安全要求。

② 确保职业健康安全的关键节点、危险部位、安全控制点及采取相应的技术、安全和管理措施。

③ 做好“四口”“五临边”的防护措施。“四口”为通道口、楼梯口、电梯井口、预留洞口；“五临边”为未安装栏杆的阳台周边、无外架防护的屋面周边、框架工程的楼层周边、卸料平台的外侧边及上下跑道、斜道的两侧边。

④ 项目管理人员应做好的职业健康安全管理事项和作业人员应注意的职业健康安全防范事项。

⑤ 各级管理人员应遵守的职业健康安全标准和职业健康安全操作规程及注意事项。

⑥ 对于出现异常征兆、事态或发生事故的应急救援措施。

（5）职业健康安全检查

工程项目职业健康安全检查是职业健康安全管理的一项重要内容，目的是消除隐患、防止事故、改善劳动条件及提高员工的职业健康安全意识。通过职业健康安全检查，及时发现工程中的危险因素，以便有计划地采取措施，保证安全生产。

职业健康安全检查的主要内容有以下几点：

① 查思想。主要检查各级领导和员工对职业健康安全生产工作的认识。

② 查管理。主要检查工程项目职业健康安全管理是否有效。包括职业健康安全组织机构、职业健康安全技术措施计划、职业健康安全保证措施、职业健康安全教育、持证上岗、职业健康安全责任制、职业健康安全技术交底、职业健康安全设施、职业健康安全标识、操作规程、违规行为、职业健康安全记录等。

③ 查隐患。主要检查作业现场是否符合职业健康安全生产的要求。

④ 查整改。主要检查对过去提出问题的整改情况。

⑤ 查事故处理。对职业健康安全事故的处理应达到查明事故原因、明确责任并对责任者作出处理、明确和落实整改措施等要求。

职业健康安全检查重点是违章指挥和违章作业，进行检查后应编制检查报告，说明已达标项目、未达标项目、存在问题、原因分析、纠正和预防措施。

职业健康安全检查的形式多样，通常有经常性检查、定期和不定期检查、专业性检查、季节性检查、节假日前后检查、上级检查、班组自检、互检、交接检查及复工检查等。方法一般通过看、听、嗅、问、查、测、验、析等手段进行。

三、建筑装饰工程施工环境管理

建筑装饰工程施工环境管理包括文明施工与现场管理，施工企业应遵照《环境管理体系要求及使用指南》（GB/T 24001—2016）的要求，建立并持续改进环境管理体系。项目经理应全面负责工程项目环境管理工作。

1. 建筑装饰工程施工环境管理概述

（1）建筑装饰工程施工环境管理的工作内容

项目经理负责施工现场环境管理工作的总体策划和部署，建立项目环境管理组织机构，制定相应制度和措施，组织培训，使各级人员明确环境保护的意义和责任。

项目经理部的工作应包括以下几个方面：

① 按照分区分块原则，搞好项目的环境管理，进行定期检查，加强协调，及时解决发现的问题，实施纠正和预防措施，保持施工现场良好的作业环境、卫生条件和工作秩序，做到污染预防。

② 对环境因素进行控制，制定应急准备和相应措施，保证信息通畅，预防可能出现的非预期损害。在出现环境事故时，应消除污染，并制定相应措施，防止环境二次污染。

③ 应保存有关环境管理的工作记录。

④ 应进行现场节能管理，有条件时应规定能源使用指标。

（2）建筑装饰工程项目环境管理的程序

确定环境管理目标→进行项目环境管理策划→实施项目环境管理策划→验证并持续改进。

2. 建筑装饰工程项目文明施工

文明施工是指保持施工场地整洁、卫生，施工组织科学，施工程序合理的一种施工活动。一个施工场地的文明施工水平是该工程所涉及企业各项管理工作水平的综合体现。

文明施工的主要工作包括：进行现场文化建设，规范场容、保持作业环境整洁卫生，创造有序生产施工的条件，减少对居民和环境的不利影响。

项目经理部应对现场人员进行培训教育，提高其文明意识及素质，并按照文明施工标准定期进行评定、考核和总结。

文明施工是环境管理的一部分，文明施工管理应与当地的社区文化、民族特点及风土人情有机结合，树立项目管理良好的社会形象。

3. 建筑装饰工程项目现场管理

建筑装饰工程项目现场管理应遵循以下基本规定：

① 项目经理部应在施工前了解经过施工现场的地下管线，并标出位置，加以保护。

② 施工中需要停水、停电影响环境时，应经有关部门批准并事先公告。

③ 项目经理部应对施工现场的环境因素进行分析，对于可能产生的污水、废气、噪声、固体废弃物等污染源采取措施，进行控制。

④ 施工垃圾与渣土应堆放在指定地点并定期进行清理。

⑤ 除有符合规定的装置外，施工现场不得熔化沥青和焚烧油毡、油漆及其他可能产生有毒有害烟尘和恶臭气味的废弃物。项目经理部应按规定有效处理有毒有害物质，禁止将有害废弃物现场回填。

⑥ 施工现场的场容管理应符合施工平面图设计的合理安排和物料器具定位管理标准化的要求。

⑦ 项目经理部应认真进行所负责区域的施工平面图的规划、设计、布置、使用和管理。

⑧ 现场主要施工机械设备、脚手架、密封式安全网或围挡、模具、施工临时道路、各种管线、施工材料制品堆场及仓库、建筑垃圾堆放区、变配电间、消火栓箱、保卫室、现场办公、生产和生活临时设施等的布置，都要符合施工平面图的要求。

⑨ 施工现场应设置畅通的排水沟渠系统，保持场地道路的干燥坚实，施工现场的污水和泥浆未经处理不得直接排放。

4. 建筑装饰工程项目施工现场环境保护措施

(1) 施工现场水污染的处理

① 水磨类施工方式产生的污水禁止随地排放，作业时要严格控制污水流向，在合理位置设置沉淀池，污水经沉淀后方可排入市政污水管网。

② 气焊用乙炔发生罐产生的污水严禁随地倾倒，必须使用专用容器集中存放，并导入沉淀池处理。

③ 现场要设置专用的油漆油料库，并对库房地面做防渗处理，储存、使用及保管要采取措施和安排专人负责，防止油料泄漏污染土壤水体。

④ 施工现场如果设置有临时食堂且用餐人数在100人以上的，应设置简易有效的隔油池，使产生的餐余污水经过隔油池再排入市政污水管网。

⑤ 禁止将有害废弃物作为回填物，以免污染地下水和环境。

(2) 施工现场噪声污染的处理

① 施工现场的切割机、电锯、大型空气压缩机等强噪声施工机械设备应搭设封闭

式机械棚，并尽可能远离邻近的居民区。

② 尽量使用低噪声或配有降噪设备的施工机械（机具）。

③ 在居民密集区进行施工，要严格控制施工作业时间，晚间作业不超过22:00，早晨作业不早于6:00。特殊情况下需要昼夜施工时，应尽量采取降噪措施，并会同建设单位做好周边居民的工作，同时报工地所在地环保部门备案后方可施工。

④ 施工现场要严格控制人为的大声喧哗，增强施工人员防噪声扰民的自觉意识。

⑤ 加强现场环境噪声的长期监测，安排专人监测管理并做好记录。《建筑施工场界环境噪声排放标准》（GB 12523—2011）规定装饰工程施工场界噪声（主要噪声源为电钻、电锯等）昼间限值为65dB、夜间限值为55dB。发现超过此限值，必须及时进行调整。

（3）施工现场空气污染的处理

① 施工现场外围设置的围挡不得低于1.8m，以便避免或减少污染物向外扩散。

② 对现场有毒有害气体的产生和排放，实行严格有效的控制措施。

③ 多层或高层建筑物内产生的施工垃圾，应采用封闭的专用垃圾道或容器吊运，严禁随意凌空抛洒造成扬尘。施工垃圾要及时清运，清运时应尽量洒水或覆盖以减少扬尘。

④ 拆除旧建筑物、构筑物时，应配合洒水以减少扬尘。

⑤ 水泥等易飞扬的细颗粒散体材料应密闭存放，使用过程中应采取有效措施防止扬尘。

⑥ 严禁使用敞口锅熬制沥青，要使用密闭的带有烟尘处理装置的加热设备。

（4）施工现场固体废料的治理与处理

建筑装饰工程施工现场的固体废料主要有拆建废物、化学废物和生活固体废物。必须采用无害化、安定化和减量化的治理方式。

固体废物的处理方式有以下几种：

① 物理处理。包括压实浓缩、破碎、分选、脱水干燥等，减少废物的最终处置量，减少对环境的污染。

② 化学处理。包括氧化还原、中和、化学浸出等，破坏固体废物中的有害成分，达到无害化或转化为适于更进一步处理、处置的状态。

③ 生物处理。包括好氧处理、厌氧处理等。

④ 热处理。包括焚烧、热解、焙烧、烧结等。

⑤ 固化处理。利用水泥、沥青等胶结材料，将松散的废物胶结包裹起来，防止有害物质向外迁移、扩散。

⑥ 回收利用和循环再造。将拆建物料再作为建筑材料回收利用，将可用的废金属、沥青等物料循环再利用。

⑦ 填埋。将经过无害化、减量化处理的废物残渣集中到填埋场进行处置，需注意废物的稳定性和长期安全性。

练习与思考

一、单项选择题

1. 职业健康安全技术措施计划的实施不包括________。

A. 职业健康安全生产教育　　B. 职业健康安全生产责任制度

C. 职业健康安全技术交底　　D. 防护和预防教育

2. 下列________事故与建筑装饰工程密切相关。

A. 物理打击、机械伤害、起重伤害、高空坠落

B. 淹溺

C. 瓦斯爆炸、锅炉爆炸、容器爆炸

D. 透水、放炮、火药爆炸

3. 根据《生产安全事故报告和调查处理条例》，按照事故造成的人员伤亡或直接经济损失，事故一般分为________。

A. 特别重大事故、重大事故、较大事故、一般事故

B. 轻伤事故、重伤事故、死亡事故、重大伤亡事故、特大伤亡事故、特别重大伤亡事故

C. 一级重大事故、二级重大事故、三级重大事故、四级重大事故

D. 特别重大事故、重大事故、较大事故、一般事故、轻微事故

4. 职业健康安全事故的处理程序为________。

A. 事故报告、事故处理、事故调查、追究法律责任

B. 事故调查、事故报告、事故处理、追究法律责任

C. 事故调查、事故处理、事故报告、追究法律责任

D. 事故报告、事故调查、事故处理、追究法律责任

5. 施工现场外围设置的围挡不得低于________。

A. 1.8m　　B. 2.5m　　C. 3.2m　　D. 2.7m

二、多项选择题

1. 建筑装饰工程职业健康安全与环境管理的特点是________。

A. 施工现场的职业健康安全与环境管理比较复杂

B. 施工现场的职业健康安全与环境管理的多样性

C. 施工单位对职业健康安全与环境管理费用投入减少

D. 各专业、单位之间互相配合，要注意接口部分职业健康安全与环境管理的协调性

E. 目前我国施工作业人员文化素质高，这是职业健康安全与环境管理的有利因素

2. 施工现场应按期开展安全检查活动，隐患整改达到“五定”的要求，“五定”是指________。

A. 定整改责任人　　　　B. 定整改措施、定整改完成时间

C. 定整改监督人　　　　D. 定整改完成人

E. 定整改验收人

3. 下列各项属于建筑装饰工程事中质量控制的有________。

A. 熟悉和审查施工图纸，做好设计交底和图纸会审

B. 进行技术交底

C. 工序施工质量控制

D. 测量控制

E. 施工分包单位的选择和资质的审查

4. 文明施工主要包括________的工作。

A. 保证职工的安全和身体健康　　　　B. 进行现场文化建设

C. 规范场容、保持作业环境整洁卫生　　　　D. 创造有序生产施工的条件

E. 减少对居民和环境的不利影响

5. 建筑装饰工程项目施工现场环境保护包括对________的处理。

A. 水　　B. 噪声　　C. 空气　　D. 固态废物

E. 组织混乱

6. 下列属于固态废弃物主要处理方法的有________。

A. 回收利用　　　　B. 减量处理

C. 固化处理　　　　D. 焚烧技术和填埋

E. 不能焚烧只能填埋

三、案例分析题

1. 工人甲因为忘记将施工工具带到施工面，便回去取工具，行走途中不小心踏在预留洞口盖板上（预留洞口为1.3m×1.3m，盖板为1.4m×1.4m、厚1mm的镀锌铁皮），盖板铁皮在工人甲的踩踏作用下迅速变形塌落，甲随塌落的盖板掉到首层地面（落差12.35m），经抢救无效于当日死亡。

问题分析：

(1) 这是一起由于“四口”防护不到位所引起的伤亡事故，那么，何谓“四口”？“临边”又指哪些部位？

（2）施工现场对安全工作应制定工作目标，安全管理目标主要包括哪些？

（3）职业健康安全事故的处理程序是什么？

2. 王女士请某装饰公司对其三室两厅的新居进行了装修，为了防止室内环境污染，装修期间王女士和装饰公司签订了详细的条款约定。但工程完毕后，室内环境监测中仍发现甲醛超标，为此王女士将该装饰公司告上了法庭。

问题分析：

（1）装饰公司在进行装饰工程时，哪些行为可能造成室内环境污染？

（2）除上文提到的甲醛，检测单位还应检测的污染物质有哪些？